JN281334

朝倉数学講座

代数学

淡中忠郎 著

朝倉書店

小松　勇作
能代　清
矢野　健太郎
編　集

まえがき

　本書は大学の教養課程の教科書，参考書として書かれたもので，またこれと同程度の代数学の一般の智識を得られようとする理工科系の人々や数学教育にたずさわる人々のための解説書でもある．

　本書の内容の主な部分は代数方程式，行列および行列式であるが，それに先立って二項定理，複素数の構成，整式，対称式交代式の理論等大学の一般教育にとって必要と思われる事項を平易に説き，多くの実例によって理解を容易ならしめるように留意した．読者が本書によって代数学の一通りの智識と問題解法の技巧を学びとられることを希望する．最後の章を設けたのは，教科書として使用されるさい時間数の制限等の理由によっては省略できるように考慮したためであるが，読者の目的によっては最後の章を第6章に引続き読まれても差支えない．

　なお本書に引続き，本書と同じ項目の多くの問題について詳細に解説した「代数学演習」の出版が予定されており，本書と併用されるならば理解を深める上に極めて有効であると思う．

　最後に本書の執筆をすすめて下さった小松勇作氏，種々御世話になった朝倉書店の工藤健二，秦晟その他の諸氏に御礼を申し上げたい．

1960年8月

著者しるす

目　　次

第1章　二項定理，多項定理

§1. 順　　列 ·· 1
§2. 組 合 せ ·· 2
§3. 二 項 定 理 ·· 4
§4. 数学的帰納法 ·· 7
§5. 多 項 定 理 ·· 10
　　問　題　1 ·· 12

第2章　複　素　数

§6. 複　素　数 ·· 15
§7. 複素数の幾何学的表示 ·· 19
§8. 二項方程式 ·· 24
　　問　題　2 ·· 26

第3章　整式，有理式

§9. 整　　式 ·· 28
§10. 剰余定理，組立除法 ··· 33
§11. 部 分 分 数 ··· 36
§12. 恒　等　式 ··· 45
　　問　題　3 ··· 48

第4章　対称式，交代式

§13. 多 元 整 式 ··· 50
§14. 対　称　式 ··· 52
§15. 根と係数の関係 ··· 57
§16. 交　代　式 ··· 60
　　問　題　4 ··· 62

目次

第5章 三次方程式，四次方程式

§17. 三次方程式 ·· 64
§18. 四次方程式 ·· 70
　　　問題 5 ·· 73

第6章 代数方程式

§19. 特殊な方程式 ·· 74
§20. 方程式の変換 ·· 80
§21. 重根の求め方 ·· 82
§22. 実係数の方程式 ·· 87
§23. 根 の 限 界 ·· 93
§24. 正根および負根の個数 ·· 102
§25. ホーナーの方法 ·· 107
　　　問題 6 ·· 110

第7章 行 列 式

§26. 置　　　換 ·· 112
§27. 行列式の定義 ·· 118
§28. 行列式の基本的性質 ·· 121
§29. 小 行 列 ·· 128
§30. 行列式の積 ·· 135
§31. 連立一次方程式 ·· 140
　　　問題 7 ·· 146

第8章 ベクトル空間

§32. 平面上のベクトル ·· 149
§33. 空間のベクトル ·· 154
§34. n 次元のベクトル空間，一次従属性 ································ 156
§35. 部 分 空 間 ·· 159

§36. 行列の階数と連立一次方程式 ·· 164
　　　問　題　8 ·· 175

第9章　行列環，二次形式

§37. 行　列　環 ·· 177
§38. 対称行列，固有値 ·· 182
§39. 正規直交系 ·· 188
§40. 二　次　形　式 ·· 191
　　　問　題　9 ·· 197

第10章　総　　括

§41. 実根の個数に関するスツルムの定理 ··· 199
§42. 複素根の近似値に関するグレッフェの方法 ······························· 202
§43. 方程式論の基本定理 ·· 209
§44. 公理的方法 ·· 211

問　題　の　答 ·· 213

索　　　　引 ·· 219

第1章　二項定理，多項定理

§1. 順　列

相異なる n 個のものをある順序にならべたものをその**順列**という．たとえば四つの文字 a, b, c, d の順列は次の 24 通りである：

$$
\begin{array}{llllll}
\text{abcd,} & \text{abdc,} & \text{acbd,} & \text{acdb,} & \text{adbc,} & \text{adcb,} \\
\text{bacd,} & \text{badc,} & \text{bcad,} & \text{bcda,} & \text{bdac,} & \text{bdca,} \\
\text{cabd,} & \text{cadb,} & \text{cbad,} & \text{cbda,} & \text{cdab,} & \text{cdba,} \\
\text{dabc,} & \text{dacb,} & \text{dbac,} & \text{dbca,} & \text{dcab,} & \text{dcba.}
\end{array}
$$

上記の並べ方はちょうど字引に現われる順序と同じようにして四文字の順列をもれなく数えあげたもので，一般にいろいろな場合をすべて数えあげるには適当な規則に従って順序よく探すことが重要である．

相異なる n 個のものから r 個 ($r \leqq n$) とりだして並べたものを **n 個のものの r 順列**といい，その総数を $_nP_r$ で表わす．

たとえば四つの文字 a, b, c, d から二つとって並べる方法は次の 12 通りであるから，

$$_4P_2 = 12$$

である：

$$
\begin{array}{cccccc}
\text{ab,} & \text{ac,} & \text{ad,} & \text{ba,} & \text{bc,} & \text{bd,} \\
\text{ca,} & \text{cb,} & \text{cd,} & \text{da,} & \text{db,} & \text{dc.}
\end{array}
$$

一般に次の公式が成立する．

定理 1.1. $_nP_r$ は次の公式で与えられる：

(1.1) $$_nP_r = n(n-1)\cdots(n-r+1).$$

証明． n 個のものから r 個をとって順列をつくるのに，まず第1位のものの決め方は n 通りある．第1位のものを決めた後で残りの $r-1$ 個を並べる方法は，残りの $n-1$ 個のものの中から $r-1$ 個をとる方法の数だけあるか

ら $_{n-1}P_{r-1}$ ある．したがって，合計

$$n \cdot {}_{n-1}P_{r-1}$$

通りの順列が得られるから，

$$_nP_r = n \cdot {}_{n-1}P_{r-1}.$$

同じようにして

$$_{n-1}P_{r-1} = (n-1) \cdot {}_{n-2}P_{r-2},$$
$$_{n-2}P_{r-2} = (n-2) \cdot {}_{n-3}P_{r-3},$$
$$\cdots\cdots\cdots\cdots\cdots\cdots\cdots\cdots$$
$$_{n-r+2}P_2 = (n-r+2) \cdot {}_{n-r+1}P_1$$

が得られ，一方明らかに

$$_{n-r+1}P_1 = n-r+1$$

であるから，これらの式を順次に代入して求める式が得られる． （終）

特に $r=n$ とおいて

$$_nP_n = n(n-1)\cdots\cdots 3\cdot 2\cdot 1$$

が得られる．この右辺を n の**階乗**といい，$n!$ または $\underline{|n}$ と表わす．$0!$ は 1 に等しいものと定めておく．

例題 1. n 人を一列にならべるのに，特定の2人は隣り合うことがないようにする方法は幾通りあるか．

解． 特定の2人が隣り合う場合の数を求めて $n!$ から減ずればよい．隣り合う特定の2人を1人のように考えれば場合の数は $(n-1)!$ であるが，その2人の並び方が2通りあるから，特定の2人が相隣るような順列は $2\cdot(n-1)!$ 通りある．ゆえに求める数は

$$n! - 2\cdot(n-1)! = (n-1)!(n-2).\qquad （終）$$

問 1. 男女各 n 人を1人置きに円卓に並べる方法の数は幾通りか．

問 2. 五つの文字 a, b, c, d, e の順列の中で a, b, c が相隣るような並べ方をすべて挙げよ．

§2. 組　合　せ

与えられたものの中から幾つかのものを取り出してつくった組のことを**組合**

§2. 組合せ

せという．このときこの組の中にはいっているものの順序は考えに入れない．たとえば a, d, c, d から二つのものをとるとき，次の6通りの組合せが得られる：

$$ab, \quad ac, \quad ad, \quad bc, \quad bd, \quad cd.$$

n 個の相異なるものの集りから r 個のものをとり出す組合せの個数を $_nC_r$ または $\binom{n}{r}$ と表わす．

$_nC_r$ は次の式で与えられる：

$$(2.1) \qquad {}_nC_r = \frac{n(n-1)\cdots(n-r+1)}{r!}.$$

証明． n 個のものから r 個ずつとってできる順列の数は $_nP_r$ である．このような順列はまず $_nC_r$ 通りの方法で r 個のものをとり出し，この r 個のものを $r!$ の方法で並べて得られるから

$$_nP_r = r! \, _nC_r.$$

したがって，

$$_nC_r = \frac{_nP_r}{r!} = \frac{n(n-1)\cdots(n-r+1)}{r!}.$$

すなわち上の公式が証明された．　　　　　　　　　　　　　　　　　（終）

公式 (2.1) の右辺の分母子に $(n-r)!$ を乗じて次の式が得られる：

$$(2.2) \qquad {}_nC_r = \frac{n!}{r!(n-r)!}.$$

$_nC_0$ は $=1$ と約束しておく．

定理 2.1. $_nC_r$ に関して次の等式が成立する：

$$(2.3) \qquad {}_nC_r = {}_nC_{n-r},$$
$$(2.4) \qquad {}_nC_r + {}_nC_{r-1} = {}_{n+1}C_r.$$

証明． (2.2) を使って証明することもできるがここでは組合せの意味から直接証明しよう．

n 個のものから r 個をとるということは，$n-r$ 個のものを残して組合せをつくることと同じであるから (2.3) が成り立つ．

また $_{n+1}C_r$ は $n+1$ 個のものから r 個のものをとり出す組合せの個数で

あるが，$n+1$ 個のものの中の特定のもの（これを a と書く）を含まない r 個の組合せと，これを含む組合せの二通りに分けて考察すれば，

i. はじめの場合には a 以外の n 個のものの中から r 個をとり出すのであるから ${}_nC_r$ 通りの方法があり，

ii. a を含む場合は a 以外の n 個の中から ${}_nC_{r-1}$ 通りの方法で $r-1$ 個のものをとり出し，これと a を合せて r 個の組合せをつくればよい．

以上二つの場合の方法の数を加えて (2.4) が得られる．

問 1. n 辺形の対角線の数を求めよ．

問 2. $n=p+q+r$ なるとき，n 人をそれぞれ p 人，q 人，r 人から成る A, B, C の三組に分ける仕方は $\dfrac{n!}{p!\,q!\,r!}$ 通りあることを示せ．

§3. 二 項 定 理

よく知られているように $a+b$ の平方および立方の展開式は
$$(a+b)^2=a^2+2ab+b^2,$$
$$(a+b)^3=a^3+3a^2b+3ab^2+b^3$$
で与えられる．次にこれを一般にして $(a+b)^n$ の展開式を求めよう．
$$(a+b)^n=(a+b)(a+b)\cdots(a+b)$$
を展開するには，第一因数から a または b のいずれか，第二因数からも a または b のいずれか，… をそれぞれえらんで $abaa\cdots=a^rb^{n-r}$ の形の積をつくりこれを加えればよい．r を一定にしておけば，このような項は n 個の因数の中から r 個の a をえらぶ因数のとり方の個数，すなわち ${}_nC_r$ 個だけ存在する．したがって，

$$\begin{aligned}(a+b)^n &= {}_nC_n a^n + {}_nC_{n-1} a^{n-1}b + {}_nC_{n-2} a^{n-2}b^2 + \cdots \\ &\quad + {}_nC_r a^r b^{n-r} + \cdots + {}_nC_0 b^n \\ &= a^n + {}_nC_1 a^{n-1}b + {}_nC_2 a^{n-2}b^2 + \cdots \\ &\quad + {}_nC_r a^{n-r}b^r + \cdots + b^n.\end{aligned}$$

§3. 二項定理

あるいは

(3.1) $$(a+b)^n = \sum_{r=0}^{n} {}_nC_r a^{n-r} b^r.$$

この関係のことを**二項定理**という．またこの展開式に現われることから

$${}_nC_0 = 1, \quad {}_nC_1 = n, \quad {}_nC_2 = \frac{n(n-1)}{2!}, \quad \cdots$$

を**二項係数**ともいう．

例題 1. $n=4$ のとき (3.1) から

$$(a+b)^4 = a^4 + 4a^3b + 6a^2b^2 + 4ab^3 + b^4.$$

例題 2. 次の等式を証明せよ：

$$\binom{n}{0} - \binom{n}{1} + \binom{n}{2} - + \cdots + (-1)^n \binom{n}{n} = 0.$$

解． 二項定理 (3.1) において $a=1$, $b=-1$ とおけば，

$$0 = (1-1)^n = \binom{n}{0} 1^n + \binom{n}{1} 1^{n-1}(-1) + \cdots$$

$$\cdots + \binom{n}{r} 1^{n-r}(-1)^r + \cdots + \binom{n}{n}(-1)^n$$

$$= \binom{n}{0} - \binom{n}{1} + \binom{n}{2} - + \cdots + (-1)^n \binom{n}{n}.$$

例題 3. $(1+x)^n$ $(x>0)$ の展開における最大項を求めよ．

解． 与えられた式の展開の相隣る二項

$$\binom{n}{r-1} x^{r-1}, \quad \binom{n}{r} x^r$$

の比をとれば

$$\frac{\binom{n}{r} x^r}{\binom{n}{r-1} x^{r-1}}$$

$$= \frac{n(n-1)\cdots(n-r+1)}{r!} \frac{(r-1)!}{n(n-1)\cdots(n-r+2)} x$$

$$= \frac{n-r+1}{r} x.$$

この値が $\lessgtr 1$ となるにしたがって

（すなわち

(3.2) $$\frac{(n+1)x}{1+x} \lessgtr r$$

にしたがって）

$$\binom{n}{r}x^r \lessgtr \binom{n}{r-1}x^{r-1}$$

となる．したがって (3.2) の左辺が整数でないならば $(1+x)^n$ の展開の項の大きさは

(3.3) $$\binom{n}{0} < \binom{n}{1}x < \binom{n}{2}x^2 < \cdots < \binom{n}{r}x^r$$
$$> \binom{n}{r+1}x^{r+1} > \cdots > \binom{n}{n}x^n$$

のようになる．ここに r は

(3.4) $$\frac{(n+1)x}{1+x} > r$$

のような最大の整数 r である．したがってこの場合には最大の項は

$$\binom{n}{r}x^r$$

である．

もし

$$\frac{(n+1)x}{1+x} = r$$

が整数であれば (3.3) 式で

$$\binom{n}{r-1}x^{r-1} = \binom{n}{r}x^r$$

となり，その他の部分はそのままであるからこの場合には最大値をとるのはこの二項である．

例題 4. 次の等式を証明せよ：

(3.5) $$\sum_{r=0}^{n} \binom{n}{r}^2 = \frac{(2n)!}{n!\,n!}.$$

解. $c_r = \binom{n}{r}$ は

$$(1+x)^n = c_0 + c_1 x + c_2 x^2 + \cdots + c_n x^n$$

の係数に等しく,

$$c_r = \binom{n}{r} = \binom{n}{n-r} = c_{n-r}$$

なる関係から

$$(1+x)^n = c_n + c_{n-1} x + c_{n-2} x^2 + \cdots + c_0 x^n.$$

と書くこともできる. したがって

$$(1+x)^{2n} = (1+x)^n (1+x)^n$$

の x^n の項は

$$c_0(c_0 x^n) + (c_1 x)(c_1 x^{n-1}) + (c_2 x^2)(c_2 x^{n-2})$$
$$+ \cdots + (c_r x^r)(c_r x^{n-r}) + \cdots + (c_n x^n) c_n$$

であり, 一方 $(1+x)^{2n}$ の展開において x^n の係数は

$$\binom{2n}{n}$$

であるから, (3.5) の左辺は

$$\binom{2n}{n} = \frac{(2n)!}{n!\,n!}$$

に等しい.　　　　　　　　　　　　　　　　　　　　　　　　（終）

この例題のように二項定理を利用して二項係数の間の種々の関係を導くことができる.

問 1. $(1+x)^n$ の展開の係数の中で最大なものを求めよ.

問 2. $c_r = \binom{n}{r}$ とおけば,

$$c_0 c_1 + c_1 c_2 + \cdots + c_{n-1} c_n = \frac{(2n)!}{(n-1)!\,(n+1)!}$$

なることを示せ.

§4. 数学的帰納法

ある定理が任意の正の整数について述べられているとき, これを証明するの

に次のような証明法を用いることができる.

第一段. 定理を $n=1$ の場合に証明する.

第二段. 定理が $n=r$ のとき正しければ,$n=r+1$ のときにも正しいことを証明する.

この二つのことが示されれば,まず第一段によって定理は $n=1$ のとき成り立つ.次に第二段により,$n=1$ のとき正しいことから $n=2$ のときにも正しいことが出る.さらにもう一度第二段を用いることにより $n=2$ のとき正しいことから $n=3$ のときに正しいことがいわれる.以下同様にしてすべての正の整数 n に対して定理が成り立つことがわかる.

第二段の代りに

"定理が $n=1,2,\cdots r$ のとき正しければ $n=r+1$ のときにも正しい"

ことを示しても,同じような理由で定理は一般の正の整数に対して成立することが証明されたことになる.

以上のような証明法のことを**数学的帰納法**(または単に**帰納法**)と呼ぶ.

定理がすべての正の整数 n に対してではなく,たとえば $3,4,5,6,\cdots$ に対して主張しているものであれば,第一段の代りにまず $n=3$ のとき定理が成り立つことを示せばよい.

例題 1. n が3以上の正の整数なるとき次の等式を証明せよ:

(4.1) $$\sum_{r=3}^{n}\frac{1}{r(r-1)(r-2)}=\frac{1}{2}\left\{\frac{1}{2}-\frac{1}{n(n-1)}\right\}.$$

解. 第一段:$n=3$ のとき

$$左辺=\frac{1}{3\cdot 2\cdot 1},$$

$$右辺=\frac{1}{2}\left\{\frac{1}{2}-\frac{1}{3\cdot 2}\right\}=\frac{1}{6}$$

であるから定理は正しい.

第二段:$n=k$ のとき定理が正しいものと仮定すれば

$$\sum_{r=3}^{k}\frac{1}{r(r-1)(r-2)}=\frac{1}{2}\left\{\frac{1}{2}-\frac{1}{k(k-1)}\right\}.$$

この両辺に

$$\frac{1}{(k+1)k(k-1)}.$$

を加えれば

$$\sum_{r=3}^{k+1}\frac{1}{r(r-1)(r-2)}=\frac{1}{2}\left\{\frac{1}{2}-\frac{1}{k(k-1)}\right\}+\frac{1}{(k+1)k(k-1)}$$

$$=\frac{1}{2}\left\{\frac{1}{2}-\frac{1}{(k+1)k}\right\}.$$

すなわち定理は $n=k+1$ のときにも正しい．したがって定理はすべての自然数 n に対して成立する．

例題 2. 次の等式を数学的帰納法によって証明せよ:

(4.2) $\qquad 1^3+2^3+\cdots+n^3=\left\{\frac{1}{2}n(n+1)\right\}^2.$

解．第一段． $n=1$ のときには

$$左辺=1^3=1,$$

$$右辺=\left(\frac{1}{2}\cdot 1\cdot 2\right)^2=1$$

であるから (4.2) は正しい．

第二段． (4.2) が $n=r$ のとき成立するものと仮定すれば

$$1^3+2^3+\cdots+r^3=\left\{\frac{1}{2}r(r+1)\right\}^2.$$

この両辺に $(r+1)^3$ を加えて

$$1^3+2^3+\cdots+(r+1)^3$$

$$=\left\{\frac{1}{2}r(r+1)\right\}^2+(r+1)^3$$

$$=(r+1)^2\left\{\frac{1}{4}r^2+(r+1)\right\}$$

$$=\left\{\frac{1}{2}(r+1)(r+2)\right\}^2.$$

すなわち，$n=r+1$ の場合に (4.2) が成立することが示された．

第一段，第二段を合せて (4.2) がすべての自然数 n について正しいことが証明された．

問 1. 次の等式を数学的帰納法によって証明せよ：
$$\frac{1}{1\cdot 2}+\frac{1}{2\cdot 3}+\frac{1}{3\cdot 4}+\cdots+\frac{1}{n(n+1)}=1-\frac{1}{n+1}.$$

問 2. 次の式を帰納法によって証明せよ：
$$1-\frac{1}{2}+\frac{1}{3}-\frac{1}{4}+\cdots-\frac{1}{2n}=\frac{1}{n+1}+\frac{1}{n+2}+\cdots+\frac{1}{2n}.$$

§5. 多項定理

二項定理をさらに一般にして次の定理が得られる．

定理 5.1. n, m が自然数なるとき

(5.1) $$(a_1+a_2+\cdots+a_m)^n=\sum\frac{n!}{p_1!\,p_2!\cdots p_m!}a_1^{p_1}a_2^{p_2}\cdots a_m^{p_m}.$$

ここに $p_1, p_2, \cdots, p_m$ はその和が n となるような 0 または正の整数で，上式の右辺はこのようなあらゆる整数 $p_1, p_2, \cdots, p_m$ の組についての和を表わすものとする．

証明． $m=2$ のときは二項定理によって上の定理が成り立つ．

(5.1) が成立しているものとして m の代りに $m+1$ の場合にも同じ形の式が成り立つことを示そう．
$$(a_1+a_2+\cdots+a_{m+1})^n$$
$$=\{(a_1+a_2+\cdots+a_m)+a_{m+1}\}^n$$

を二項定理によって展開すれば，

(5.2) $$\sum\frac{n!}{q!\,p_{m+1}!}(a_1+a_2+\cdots+a_m)^q a_{m+1}^{p_{m+1}}$$
$$(q+p_{m+1}=n).$$

この式の各項において $(a_1+a_2+\cdots+a_m)^q$ を (5.1) によって展開すれば，
$$(a_1+a_2+\cdots+a_m)^q$$
$$=\sum\frac{q!}{p_1!\,p_2!\cdots p_m!}a_1^{p_1}a_2^{p_2}\cdots a_m^{p_m}$$

§5. 多項定理

$$(p_1+p_2+\cdots+p_m=q).$$

これを (5.2) に代入すれば,

$$\sum \frac{n!}{p_1!\,p_2!\cdots p_{m+1}!} a_1^{p_1} a_2^{p_2}\cdots a_{m+1}^{p_{m+1}}$$

$$(p_1+p_2+\cdots+p_{m+1}=n)$$

となるから帰納法の第二段の証明が終った. (終)

この定理のことを**多項定理**という.

例題 1. $(a+b+c)^3$ を展開せよ.

解. 多項定理によって,

$$(a+b+c)^3 = \sum \frac{3!}{p!\,q!\,r!} a^p b^q c^r$$

$$(p+q+r=3)$$

であるから, 項は

(i) $p=3$, $q=r=0$ のとき

$$\frac{3!}{3!\,0!\,0!} a^3 = a^3.$$

同じように $q=3$, $p=r=0$; $r=3$, $p=q=0$ の場合を考えて b^3, c^3 なる項が得られる.

(ii) $p=2$, $q=1$, $r=0$ のとき

$$\frac{3!}{2!\,1!\,0!} a^2 b = 3a^2 b,$$

同じように

$$3a^2 c, 3ab^2, 3b^2 c, 3ac^2, 3bc^2$$

の項があることが分る.

(iii) $p=q=r=1$ のとき

$$\frac{3!}{1!\,1!\,1!} abc = 6abc.$$

以上から

$$(a+b+c)^3$$

$$= a^3+b^3+c^3+3(a^2b+a^2c+ab^2+b^2c+ac^2+bc^2)+6abc.$$

例題 2. $(x+3y-2z)^6$ の展開式において xy^2z^3 の係数を求めよ．

解． 一般項は

$$\frac{6!}{p!\,q!\,r!}x^p(3y)^q(-2z)^r$$

であるから，$p=1, q=2, r=3$ の場合の係数は

$$\frac{6!}{1!\,2!\,3!}3^2(-2)^3=-4320.$$

問 1. $(a+b+c)^4$ の展開は次の形であることを証明せよ：
$$\sum a^4+4\sum a^3b+6\sum a^2b^2+12\sum a^2bc.$$

($\sum$ の意味はたとえば
$$\sum a^3b = a^3b+a^3c+ab^3+b^3c+ac^3+bc^3$$
のように a,b,c の文字を交換して得られる同じ形の項の和を表わすものとする)．

問 2. 次の式の展開式で定数項を求めよ：

(1) $\left(2x+3+\dfrac{1}{x}\right)^{10}$,　　(2) $\left(x+2+\dfrac{1}{x^2}\right)^{15}$.

問 題 1

1. 9人の人が一列にならぶのに，ある特定な一人は真中にはならばないものとすれば，ならび方は幾通りあるか．

2. 1, 2, 3, 4, 5, 7, 9 なる七つの数字を一列にならべる方法は幾通りあるか．ただし 2, 4 は偶数番目にならべるものとする．

3. a, b, c, d, e, f, g なる七つの文字を一列にならべるのに，e, f, g はどれも左端にならべることがなく，またたがいに相隣らないようにすれば，そのならべ方は幾通りあるか．

4. a, b, c, d, e, f, g なる七つの文字の中から三つの文字をとり出してつくった順列を字引に現われる順序にならべれば d, e, f は第何番目に現われるか．

5. 300 と 600 の間にあって異なる数字から成る偶数は幾つあるか．

6. 東西の道が p 個，南北の道が q 個あるとき，南西の隅から北東の隅に行く最短距離の道は幾通りあるか．

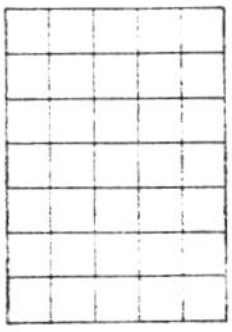

7. 相異なる $2n$ 個のものから n 個のものをとって組合せをつくるとき，特定の一つのものをふくむ組合せの個数とそれを含まない組合せの個数は等しいことを示せ．

図 1

8. 平面上に8個の点があり，その中で一直線上にあるのは A, B, C の

3 個だけである．これらの点を結んで得られる直線の数は何本か．

9. 平面上の 8 個の点の中で 4 個が一直線上にあり，その他はどの 3 点をとっても一直線上にないものとする．これらの点を頂点とする三角形は幾つあるか．

10. r を正の整数とするとき，
$$x_1+x_2+\cdots+x_n=r$$
を満足する 0 または正の整数解は幾通りあるか．

11. 平面上に n 個の直線があり，どの 2 直線も平行でなく，どの 3 直線も同一の点で交わらないとき，これらの直線は平面を幾つの部分に分けるか．

12. 次の等式を証明せよ：

(1) $\binom{n}{0}+\binom{n}{1}+\binom{n}{2}+\cdots+\binom{n}{n}=2^n$,

(2) $\binom{n}{0}+\binom{n}{2}+\binom{n}{4}+\cdots=\binom{n}{1}+\binom{n}{3}+\binom{n}{5}+\cdots=2^{n-1}$.

13. $(1+x)^n$ の展開を
$$(1+x)^n=c_0+c_1x+c_2x^2+\cdots+c_nx^n$$
とし，$(1-x^2)^n=(1+x)^n(1-x)^n$ の x^n の係数を比較することにより
$$c_0{}^2-c_1{}^2+c_2{}^2-\cdots+(-1)^n c_n{}^2$$
の値は n が奇数のとき 0，n が偶数のとき
$$(-1)^{\frac{n}{2}}\frac{n!}{\left(\frac{n}{2}!\right)^2}$$
に等しいことを示せ．

14. $c_r=\binom{n}{r}$ とするとき次の等式を証明せよ：

(1) $c_1-2c_2+3c_3-\cdots+(-1)^{n-1}nc_n=0 \quad (n\geqq 2)$,

(2) $c_0+\dfrac{c_1}{2}+\dfrac{c_2}{3}+\cdots+\dfrac{c_n}{n+1}=\dfrac{2^{n+1}-1}{n+1}$,

(3) $c_1-\dfrac{c_2}{2}+\dfrac{c_3}{3}-\cdots+(-1)^{n-1}\dfrac{c_n}{n}=1+\dfrac{1}{2}+\dfrac{1}{3}+\cdots+\dfrac{1}{n}$,

(4) $c_0-\dfrac{c_1}{2}+\dfrac{c_2}{3}-\cdots+(-1)^n\dfrac{c_n}{n+1}=\dfrac{1}{n+1}$.

15. 数学的帰納法によって二項定理を証明せよ．

16. n が 2 より大なる自然数なるとき帰納法により次の不等式を証明せよ：
$$(1+x)^n>1+nx+\frac{1}{2}n(n-1)x^2.$$
ただし $x>0$ とする．

17. 次の諸事項を帰納法によって証明せよ：

(1) n が自然数なるとき x^n-y^n は $x-y$ で割り切れることを証明せよ；

（2） n が自然数なるとき $x^n-na^{n-1}x+(n-1)a^n$ は $(x-a)^2$ で割り切れることを示せ；

（3） 連続する三つの自然数の積は 6 で割り切れることを証明せよ．

18. $(1+0.3)^{50}$ の展開における最大項を求めよ．

19. $(1+2x+3x^2)^5$ の展開における x^4 の係数を求めよ．

第2章 複 素 数

§6. 複 素 数

実数には大小関係や加減乗除などの性質があるがここでは特に四則について考察して見る．

数の概念は必要に応じてしだいに一般になって来たものであるが，二次方程式
$$ax^2+bx+c=0 \quad (a, b, c \text{ は実数})$$
がいつでも解けるためにはよく知られた根の公式
$$\frac{-b\pm\sqrt{b^2-4ac}}{2a}$$
において b^2-4ac の正負にかかわらず根号が意味をもつように数の概念を拡張しなければならない．複素数はこのような必要のために導入されたものである．

今 $a, b, \cdots$ は実数を表わすものとして二つの実数の対 (a, b) の間に次のような規約をもうける．

(ⅰ) 相等： $(a, b)=(c, d)$ となるのは
$$a=c, \quad b=d.$$
(ⅱ) 加法： $(a, b)+(c, d)=(a+c, b+d).$
(ⅲ) 乗法： $(a, b)(c, d)=(ac-bd, ad+bc).$

この規約から
$$(a, 0)+(b, 0)=(a+b, 0),$$
$$(a, 0)(b, 0)=(ab, 0)$$
が得られるから $(a, 0)$ と a は加法，乗法の性質を論ずる限りは同じものと考えて差支えがないことが分る．

次に $i=(0, 1)$ とおけば，
$$(0, 1)(0, 1)=(-1, 0)$$
であるから，

(6.1) $$i^2 = (-1, 0)$$
となる．前に述べた理由から
(6.2) $$(a, 0) = a$$
とおくことにすれば，(1.1) により
(6.3) $$i^2 = -1$$
が得られる．また
$$(a, b) = (a, 0) + (0, 1)(b, 0)$$
であるから，
$$(a, b) = a + bi$$
と書くことができる．

以上からわれわれの導入した記号 (a, b) は $a+bi$ とも書くことができ，記号 i に対しては $i^2=-1$ なる関係が成立することが分った．(a, b) または $a+bi$ のことを**複素数**と名づける．

複素数を $\alpha, \beta, \gamma, \cdots$ などと表わすとき実数の場合と同じように次の諸法則が成り立つ：

$$(\alpha+\beta)+\gamma = \alpha+(\beta+\gamma) \quad (結合法則);$$
$$(\alpha\beta)\gamma = \alpha(\beta\gamma) \quad (結合法則);$$
$$\alpha+\beta = \beta+\alpha \quad (交換法則);$$
$$\alpha\beta = \beta\alpha \quad (交換法則);$$
$$\alpha(\beta+\gamma) = \alpha\beta+\alpha\gamma \quad (分配法則);$$

たとえば乗法の結合法則 $(\alpha\beta)\gamma = \alpha(\beta\gamma)$ を証明するには次のようにすればよい．
$$\alpha = a+a'i, \quad \beta = b+b'i, \quad \gamma = c+c'i$$
とおけば
$$\alpha\beta = (ab-a'b') + (ab'+a'b)i.$$
したがって，
$$(\alpha\beta)\gamma$$
$$= \{(ab-a'b')c - (ab'+a'b)c'\}$$

$$+\{(ab-a'b')c'+(ab'+a'b)c\}i$$

である．一方

$$\beta\gamma=(bc-b'c')+(bc'+b'c)i$$

であるから，

$$\alpha(\beta\gamma)$$
$$=\{a(bc-b'c')-a'(bc'+b'c)\}$$
$$+\{a(bc'+b'c)+a'(bc-b'c')\}i.$$

これから容易に結合法則 $(\alpha\beta)\gamma=\alpha(\beta\gamma)$ が得られる．

$a+bi$ が 0 でないときその逆数は公式

(6.4) $$\frac{1}{a+bi}=\frac{a}{a^2+b^2}+\frac{-b}{a^2+b^2}i$$

で与えられる．何となれば $a+bi$ に上式の右辺を乗じたものが

$$(a+bi)\left(\frac{a}{a^2+b^2}-\frac{b}{a^2+b^2}i\right)=1$$

となるからである．

公式 (6.4) を求めるには

$$\frac{1}{a+bi}=\frac{1}{a+bi}\frac{a-bi}{a-bi}=\frac{a-bi}{a^2+b^2}$$

として求めてもよい．

同じようにして一般に

(6.5) $$\frac{a+bi}{c+di}=\frac{(ac+bd)+(bc-ad)i}{c^2+d^2}$$
$$(c+di\neq 0)$$

が成立する．

$\alpha=a+bi$ に対して $N(\alpha)=a^2+b^2$ とおけば，等式

(6.6) $$N(\alpha\beta)=N(\alpha)N(\beta)$$

が成立する．何となれば

$$\alpha=a+bi,\quad \beta=c+di$$

とすれば，

$$\alpha\beta = (ac-bd) + (ad+bc)i$$

であるから,
$$N(\alpha) = a^2+b^2, \quad N(\beta) = c^2+d^2,$$
$$N(\alpha\beta) = (ac-bd)^2 + (ad+bd)^2.$$

したがって, 証明すべき等式 (1.6) は

(6.7) $\qquad (ac-bd)^2 + (ad+bd)^2 = (a^2+b^2)(c^2+d^2)$

となり, 両辺を実際に展開して見ることによってこの等式が正しいことが示される.

例題 1. $\qquad 34 \times 74 = (3^2+5^2)(5^2+7^2)$

に上の等式を応用すれば,
$$34 \times 74 = (3\cdot 5 - 5\cdot 7)^2 + (3\cdot 7 + 5\cdot 5)^2$$
$$= 20^2 + 46^2.$$

一般に二つの平方の和で表わされるような数の積がやはり二つの平方の和で表わされることが等式 (6.7) によって分る.

$\alpha = a+bi$ に対して $a-bi$ のことを**共役複素数**と呼び $\bar{\alpha}$ で表わす.
$$N(\alpha) = a^2+b^2 = (a+bi)(a-bi)$$

であるから,

(6.8) $\qquad\qquad N(\alpha) = \alpha\bar{\alpha}.$

また $\sqrt{N(\alpha)} = \sqrt{a^2+b^2}$ のことを α の**絶対値**といい, $|\alpha|$ と表わす:

(6.9) $\qquad |\alpha| = \sqrt{N(\alpha)} = \sqrt{a^2+b^2} \qquad (\alpha = a+bi).$

等式 (6.6) の平方根をとれば,

(6.10) $\qquad\qquad |\alpha\beta| = |\alpha||\beta|.$

問 1. 積 $(3^2+5^2)(7^2+11^2)$ を平方の和の形で表わせ.

問 2. α, β が複素数なるとき, 次の不等式を証明せよ:
$$|\alpha+\beta| \leqq |\alpha| + |\beta|.$$

(ヒント. $\alpha = a+a'i$, $\beta = b+b'i$ として不等式
$$\sqrt{(a+b)^2 + (a'+b')^2} \leqq \sqrt{a^2+a'^2} + \sqrt{b^2+b'^2}$$
を証明せよ.)

§7. 複素数の幾何学的表示

実数を数直線上の点として表わすことができるのと同様に，複素数を平面上の点として表わすことができる．すなわち複素数

$$z = x + iy$$

を xy-平面上の点 (x, y) によって表わすことにすれば平面上の点と複素数とが一対一の対応をすることが分り，これによって複素数の性質をあ

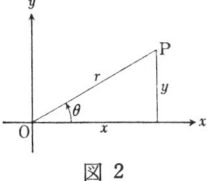

図 2

る程度まで幾何学的に知ることができる．このように平面上の点が複素数を表わすものと考えたときにこの平面のことを**複素数平面**とよぶ．このとき x 軸上の点は実数を表わし，y 軸上の点は yi の形の複素数（このような複素数を**純虚数**と名づける）を表わすから，これらの軸をそれぞれ**実軸**，**虚軸**とよぶ．

$z = x + iy$ を表わす平面上の点を P とすれば，原点から P までの距離 $r = \text{OP}$ はちょうど $|z|$ に等しく，また OP と実軸とのなす角を θ とすれば，

(7.1) $$x = r\cos\theta, \quad y = r\sin\theta$$

なる関係が成り立つ．θ は z の**偏角**とよばれ $\text{arc } z$ と表わす．上式により z は

(7.2) $$z = r(\cos\theta + i\sin\theta)$$

と書き表わすことができる．このような表わし方を z の**極表示**という．

例題 1. $1 + i$ の極表示を求めよ．

解． $z = 1 + i$ の絶対値は $|z| = r = \sqrt{2}$ であるから，

$$1 + i = \sqrt{2}\left(\frac{1}{\sqrt{2}} + \frac{1}{\sqrt{2}}i\right) = \sqrt{2}\left(\cos\frac{\pi}{4} + i\sin\frac{\pi}{4}\right). \quad (終)$$

二つの複素数 $z_1 = x_1 + y_1 i$，$z_2 = x_2 + y_2 i$ に四則の演算の結果を幾何学的に求めて見よう．

まず二つの複素数の和については

$$z_1 + z_2 = (x_1 + x_2) + (y_1 + y_2)i$$

であるから，$z_1, z_2, z_1 + z_2$ を表わす点 P_1, P_2, Q と原点 O は平行四辺形をな

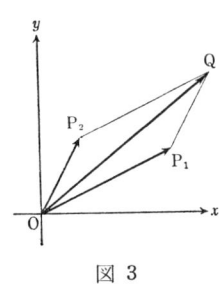

図 3

し，P_2Q は OP_1 に，また P_1Q は OP_2 に平行であることが分る．

複素数を表わすのにベクトルによるのが便利なことが多い．z_1 は P_1 によって表わされているが，向きのついた線分 $\overrightarrow{OP_1}$ によっても表わされているものと考える．一般に向きのついた線分のことを**ベクトル**とよび，平行移動によって始点と終点とが重なるような位置にある二つのベクトルは等しいものと定義する．このような規約によれば，図3において

$$\overrightarrow{OQ} = \overrightarrow{OP_1} + \overrightarrow{OP_2} = \overrightarrow{OP_1} + \overrightarrow{P_1Q}$$

あるいは一般に

(7.3) $$\overrightarrow{AB} + \overrightarrow{BC} = \overrightarrow{AC}$$

なる法則が成立することがわかる．

二つの複素数の差を図示するには，図3において Q, P_2 を与えたときに P_1 を作図するのに相当する方法を用いればよい．したがって図4に示すような作図により $z_1 - z_2$ を求めることができる．

次に z_1, z_2 の極表示をそれぞれ

$$z_1 = r_1(\cos\theta_1 + i\sin\theta_1),$$
$$z_2 = r_2(\cos\theta_2 + i\sin\theta_2)$$

とするとき

$$z_1 z_2 = r_1 r_2 \{(\cos\theta_1\cos\theta_2 - \sin\theta_1\sin\theta_2) + i(\sin\theta_1\cos\theta_2 + \sin\theta_2\cos\theta_1)\}$$

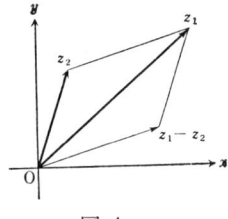

図 4

となり，よく知られた三角法の公式によりこの値は

$$r_1 r_2 \{\cos(\theta_1 + \theta_2) + i\sin(\theta_1 + \theta_2)\}$$

に等しい．すなわち $\arc(z_1 z_2) = \theta_1 + \theta_2$ であるから，

(7.4) $$\mathbf{arc}(z_1 z_2) = \mathbf{arc}\, z_1 + \mathbf{arc}\, z_2$$

なる関係が得られる．このことと

(7.5) $$|z_1 z_2| = |z_1|\,|z_2| = r_1 r_2$$

なる関係を用いて z_1z_2 を幾何学的に求めて見よう.

図5において P_1, P_2 が複素数 z_1, z_2 を表わし，E が x 軸上の座標1をもつ点を表わすものとするとき，積 z_1z_2 を表わす点 Q に対しては (7.4), (7.5) により

$$\angle P_2OQ = \angle EOP_1,$$
$$OQ : OP_2 = OP_1 : OE \,(=OP_1)$$

が成り立つ．したがって Q を求めるには △EOP_1, △P_2OQ が相似となるように作図すればよい.

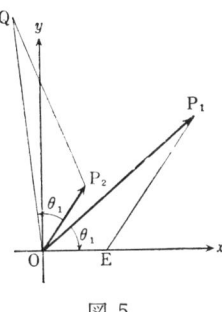

図 5

複素数の除法も図5において Q, P_2 が与えられたとき P_1 を求める作図によって図上で求めることができる.

乗法に対する公式 (7.4), (7.5) から

(7.6) $$\text{arc}\left(\frac{z_1}{z_2}\right) = \text{arc}\, z_1 - \text{arc}\, z_2.$$

(7.7) $$\left|\frac{z_1}{z_2}\right| = \frac{|z_1|}{|z_2|}$$

が導かれることはたとえば前者では

$$\text{arc}\left(\frac{z_1}{z_2}\right) + \text{arc}\, z_2 = \text{arc}\left(\frac{z_1}{z_2} z_2\right) = \text{arc}\, z_1$$

であることから分る.

定理 7.1. n が整数のとき

(7.8) $$(\cos\theta + i\sin\theta)^n = \cos n\theta + i\sin n\theta$$

が成立する．これを**ド・モアブル(de Moivre)の定理**という.

証明．まず n が正の整数の場合に数学的帰納法により証明する．
$n=1$ のときは等式 (7.8) は自明である.

自然数 n に対して定理が成立しているものとすれば，

$$(\cos\theta + i\sin\theta)^{n+1} = (\cos\theta + i\sin\theta)^n(\cos\theta + i\sin\theta)$$
$$= (\cos n\theta + i\sin n\theta)(\cos\theta + i\sin\theta)$$
$$= \cos(n+1)\theta + i\sin(n+1)\theta.$$

すなわち $n+1$ に対しても定理が成り立つことが示されたから，一般に $n>0$ のときに定理は正しい．

$n=0$ のときは
$$(\cos\theta+i\sin\theta)^0=1=\cos 0\theta+i\sin 0\theta$$
であるから，この場合にも定理が成立する．

$z=\cos\theta+i\sin\theta$ の逆数の偏角は (7.6) により
$$\text{arc}\,\frac{1}{z}=\text{arc}\,\frac{\cos 0+i\sin 0}{z}=0-\theta=-\theta$$
であるから，$n=-m\,(m>0)$ のとき
$$z^n=\frac{1}{z^m}=\frac{1}{\cos m\theta+i\sin m\theta}$$
$$=\cos(-m\theta)+i\sin(-m\theta)$$
$$=\cos n\theta+i\sin n\theta.$$
すなわち n が負の整数のときにも定理が成立する．

例題 2. $\cos 3\theta+i\sin 3\theta=(\cos\theta+i\sin\theta)^3$
$$=\cos^3\theta+3\cos^2\theta(i\sin\theta)+3\cos\theta(i\sin\theta)^2+(i\sin\theta)^3$$
$$=(\cos^3\theta-3\cos\theta\sin^2\theta)+(3\cos^2\theta\sin\theta-\sin^3\theta)i.$$
ゆえに
$$\cos 3\theta=\cos^3\theta-3\cos\theta\sin^2\theta,$$
$$\sin 3\theta=\cos^2\theta\sin\theta-\sin^3\theta.$$

例題 3. 次の級数の和を求めよ：
$$\sin\theta+\sin 2\theta+\cdots+\sin n\theta.$$

解． $\theta=0$ のときは求める和は 0 に等しい．

$\theta \neq 0$ とすれば
$$z=\cos\theta+i\sin\theta\neq 1$$
であるから，
$$(7.9) \qquad 1+z+z^2+\cdots+z^n=\frac{1-z^{n+1}}{1-z}.$$

§7. 複素数の幾何学的表示

この分母子に $1-\bar{z}$ ($\bar{z}=\cos\theta-i\sin\theta$) を乗じて

(7.10) $$\frac{1-z^{n+1}}{1-z}=\frac{(1-z^{n+1})(1-\bar{z})}{(1-z)(1-\bar{z})}.$$

式 (7.10) の分母は

$$1-z-\bar{z}+z\bar{z}$$
$$=1-2\cos\theta+(\cos\theta+i\sin\theta)(\cos\theta-i\sin\theta)$$
$$=2-2\cos\theta=4\sin^2\frac{\theta}{2}.$$

式 (7.10) の分子は ($z\bar{z}=1$ なることに注意して)

$$1-z^{n+1}-\bar{z}+z^{n+1}\bar{z}$$
$$=1-z^{n+1}-\bar{z}+z^n.$$

ゆえに (7.10) の虚数部は

$$\frac{1}{4\sin^2\dfrac{\theta}{2}}\{-\sin(n+1)\theta+\sin\theta+\sin n\theta\}$$

$$=\frac{1}{4\sin^2\dfrac{2\theta}{2}}(-\sin n\theta\cos\theta-\cos n\theta\sin\theta+\sin\theta+\sin n\theta)$$

$$=\frac{1}{4\sin^2\dfrac{\theta}{2}}\{\sin\theta(1-\cos n\theta)+\sin n\theta(1-\cos\theta)\}$$

$$=\frac{1}{4\sin^2\dfrac{\theta}{2}}\left(2\sin\theta\sin^2\frac{n\theta}{2}+2\sin n\theta\sin^2\frac{\theta}{2}\right).$$

上式に

$$\sin\theta=2\sin\frac{\theta}{2}\cos\frac{\theta}{2},$$
$$\sin n\theta=2\sin\frac{n\theta}{2}\cos\frac{n\theta}{2}$$

を代入し,さらに

$$\cos\frac{\theta}{2}\sin\frac{n\theta}{2}+\cos\frac{n\theta}{2}\sin\frac{\theta}{2}=\sin\frac{n+1}{2}\theta$$

と変形することにより (7.10) の虚数部は

$$
(7.11) \qquad \frac{\sin\dfrac{n\theta}{2}\sin\dfrac{n+1}{2}\theta}{\sin\dfrac{\theta}{2}}
$$

に等しいことがわかる．以上の計算により

$$
\sin\theta+\sin 2\theta+\cdots+\sin n\theta
$$
$$
=1+z+z^2+\cdots+z^n \text{ の虚数部分}
$$
$$
=\frac{1-z^{n+1}}{1-z} \text{ の虚数部分}
$$
$$
=\frac{\sin\dfrac{n\theta}{2}\sin\dfrac{n+1}{2}\theta}{\sin\dfrac{\theta}{2}}
$$

が求める値である．

問 1. $|z_1+z_2|=|z_1|+|z_2|$ となるのはどういう場合か．幾何学的に考察せよ．

問 2. $1-i,\ \sqrt{3}+i$ の極表示を求めよ．

問 3. ド・モアブルの公式によって次の値を計算せよ：
  （1） $(1-i)^3$, （2） $(\sqrt{3}+i)^5$．

§8. 二項方程式

$$
(8.1) \qquad\qquad x^n-\alpha=0
$$

の形の方程式のことを**二項方程式**という．次にド・モアブルの公式を用いて二項方程式の解を求めよう．

α および (8.1) の解 x の極表示をそれぞれ

$$
\alpha=r(\cos\theta+i\sin\theta),\quad x=R(\cos\Theta+i\sin\Theta)
$$

とすれば，(8.1) 式により

$$
R^n(\cos n\Theta+i\sin n\Theta)=r(\cos\theta+i\sin\theta)
$$

すなわち

$$
R^n=r,\quad n\Theta=\theta+2k\pi \ (k \text{ は整数})
$$

が成立する．したがって，

(8.2) $$R=\sqrt[n]{r}, \qquad \Theta=\frac{\theta+2k\pi}{n}$$

である．

$$k'=k+ns \quad (s \text{ は整数})$$

であれば k, k' に対応する Θ の差は

$$\frac{\theta+2k'\pi}{n}-\frac{\theta+2k\pi}{n}=2s\pi$$

であるから，

$$\sqrt[n]{r}\left(\cos\frac{\theta+2k'\pi}{n}+i\sin\frac{\theta+2k'\pi}{n}\right)$$
$$=\sqrt[n]{r}\left(\cos\frac{\theta+2k\pi}{n}+i\sin\frac{\theta+2k\pi}{n}\right)$$

である．すなわち (8.1) の根 x を

(8.3) $$\sqrt[n]{r}\left(\cos\frac{\theta+2k\pi}{n}+i\sin\frac{\theta+2k\pi}{n}\right)$$

の形に表わしたとき，k の値は

$$0, 1, 2, \cdots, n-1$$

だけに限定して差支えない．

式 (8.3) で与えられた n 個の点は絶対値がすべて $\sqrt[n]{r}$ で，隣り合った偏角の差は $\dfrac{2\pi}{n}$ であるから，原点を中心とする正 n 辺形の頂点を形成していることがわかる．

特に $1(=\cos 0+i\sin 0)$ の n 乗根は上の公式 (8.3) において $r=1$, $\theta=0$ とおくことにより

(8.4) $$\cos\frac{2k\pi}{n}+i\sin\frac{2k\pi}{n} \quad (k=0, 1, 2, \cdots n-1)$$

で与えられる．

例題 1. $1+\sqrt{3}i$ の5乗根の極表示を求めよ．

解． 一般に $z=x+iy$ の絶対値は $r=\sqrt{x^2+y^2}$ であるから極表示を求める

ためには，まず
$$z = \sqrt{x^2+y^2}\left(\frac{x}{\sqrt{x^2+y^2}}+i\frac{y}{\sqrt{x^2+y^2}}\right)$$
と変形して後に偏角を求めればよい．
$$|1+\sqrt{3}i| = \sqrt{1^2+(\sqrt{3})^2} = 2$$
であるから，
$$1+\sqrt{3}i = 2\left(\frac{1}{2}+\frac{\sqrt{3}}{2}i\right)$$
$$= 2\left(\cos\frac{\pi}{3}+i\sin\frac{\pi}{3}\right).$$
ゆえに $1+\sqrt{3}i$ の5乗根は
$$\sqrt[5]{2}\left\{\cos\left(\frac{\pi}{15}+\frac{2k\pi}{5}\right)+i\sin\left(\frac{\pi}{15}+\frac{2k\pi}{5}\right)\right\}$$
$$(k=0, 1, 2, 3, 4).$$

問 1. i の3乗根を求めよ

問 2. $1-\sqrt{3}i$ の n 乗根の極表示を求めよ．

問題 2

1. 次の式を簡単にせよ：
$$\frac{(2+3i)(3+5i)}{4+3i}.$$

2. 次の式を簡単にせよ：
$$\frac{(\cos 2\theta - i\sin 2\theta)^7(\cos 3\theta + i\sin 3\theta)^2}{(\cos 6\theta + i\sin 6\theta)^5(\cos 4\theta + i\sin 4\theta)^3}.$$

3. ω を1の虚な立方根とするとき，
 (1) $(1+4\omega+\omega^2)^6 = 729$,
 (2) $(1+\omega)^5 = -\omega$,
 (3) $x^3+y^3+z^3-3xyz = (x+y+z)(x+\omega y+\omega^2 z)(x+\omega^2 y+\omega z).$

4. z を与えられた複素数とするとき，次の複素数を複素数平面上で作図せよ：
 (1) $\bar{z}$ (z の共役複素数), (2) $\frac{1}{z}$, (3) $\frac{2+z}{1-z}$.

5. 複素数平面上の2点 z_1, z_2 を結ぶ直線上の点は

$$\alpha z_1 + (1-\alpha) z_2 \quad (\alpha \text{ は実数})$$

の形に表わされることを証明せよ.

6. 複素数平面上の三角形 ABC の頂点によって表わされる複素数を z_1, z_2, z_3 とするとき,

(1) B,C の中点Dによって表わされる複素数,および AD 上の AP:PD=2:1 なる点Pによって表わされる複素数を求めよ.

(2) (1)の結果を用いて三角形の三つの中線は1点に会することを示せ.

7.
$$\arg\left(\frac{\delta-\alpha}{\beta-\gamma}\right) = \arg(\delta-\alpha) - \arg(\beta-\gamma)$$

なる関係を用いて,$\alpha, \beta, \gamma, \delta$ が異なる複素数なるとき,α と δ を結ぶ線分と γ と β を結ぶ線分が直交する条件は

$$\frac{\delta-\alpha}{\beta-\gamma}$$

が純虚数となることを示せ.

8. 次の等式を証明せよ:
$$\frac{(\delta-\alpha)(\delta-\beta)}{(\beta-\gamma)(\alpha-\gamma)} + \frac{(\delta-\beta)(\delta-\gamma)}{(\gamma-\alpha)(\beta-\alpha)} + \frac{(\delta-\gamma)(\delta-\alpha)}{(\alpha-\beta)(\gamma-\beta)} = 1.$$

9. 問題 7, 8 の結果を用いて三角形の三つの垂線が一点に会することを次の順序により証明せよ.

(1) 三角形 ABC の頂点 A, B から対辺への垂線の交点をDとし,A, B, C, D に対応する複素数を $\alpha, \beta, \gamma, \delta$ とするとき

$$AD \perp BC, \quad BD \perp CA$$

なる条件を $\alpha, \beta, \gamma, \delta$ でいい表わせ.

(2) (1)の条件が満足されているとき

$$CD \perp AB$$

なることを問題8の等式を用いて証明せよ.

10. ζ を1の5乗根とするとき次の等式を証明せよ:
$$\frac{\zeta}{1+\zeta^2} + \frac{\zeta^2}{1+\zeta^4} + \frac{\zeta^3}{1+\zeta} + \frac{\zeta^4}{1+\zeta^3} = 2.$$

11. $|z|=1$ ならば,
$$\left|\frac{z-z_1}{1-z\bar{z}_1}\right| = 1$$

であることを証明せよ.ここに $\bar{z}_1$ は z_1 の共役複素数を表わす.

第3章 整式，有理式

§9. 整式

$a_0, a_1, \cdots, a_n$ が数であるとき，

(9.1) $$a_0 x^n + a_1 x^{n-1} + \cdots + a_n$$

の形の式のことを**整式**または**多項式**とよぶ．x に種々の値を代入すれば上式を計算してその x に対応する値が得られるので，整式は函数であると考えることができる．それで x を整式の**変数**とよび，整式を $f(x), g(x)$ などの函数記号を用いて表わすこととする．

式 (9.1) で表わされる整式 $f(x)$ において $a_0 \neq 0$ であるならば，n を $f(x)$ の**次数**といい，$n = \deg f(x) = \deg f$ と書く．ここに記号 deg は次数に相当する英語 degree を意味している．定数 $a (\neq 0)$ の次数は 0 である．また 0 の次数は $-\infty$ と約束すると便宜である．

整式 $f(x) = a_0 x^n + a_1 x^{n-1} + \cdots + a_n$ および $g(x) = b_0 x^m + b_1 x^{m-1} + \cdots + b_m$ ($b_0 \neq 0$) の積の次数については

(9.2) $$\deg [f(x)g(x)] = \deg f(x) + \deg g(x)$$

が成立する．何となれば

$$f(x)g(x) = a_0 b_0 x^{n+m} + (a_0 b_1 + a_1 b_0) x^{n+m-1} + \cdots + a_n b_m$$

において $a_0 b_0 \neq 0$ であるから，

$$\deg [f(x)g(x)] = n + m = \deg f(x) + \deg g(x)$$

となるからである．

定理 9.1. $f(x), g(x)$ ($\neq 0$) を与えられた整式とするとき

(9.3) $$f(x) = q(x)g(x) + r(x)$$
$$(\deg r(x) < \deg g(x))$$

のような $q(x), r(x)$ が存在する．

証明． $g(x)$ は定めておき，$f(x)$ の次数に関する帰納法によって定理を証明する．

$f(x)=0$ のときは $q(x)=r(x)=0$ とおけばよい.

$f(x)$ の次数 n が $g(x)$ の次数 m より小さいときは $q(x)=0$, $r(x)=f(x)$ とおけばよいから $n \geqq m$ と仮定する.

(9.4) $$f(x)-\frac{a_0}{b_0}x^{n-m}g(x)=f_1(x)$$

とおけば
$$f_1(x)=a_0x^n+a_1x^{n-1}+\cdots+a_n$$
$$-\frac{a_0}{b_0}x^{n-m}(b_0x^m+b_1x^{m-1}+\cdots+b_m)$$
$$=\left(a_1-\frac{a_0}{b_0}b_1\right)x^{n-1}+\cdots$$

であるから,
$$\deg f_1(x) < \deg f(x).$$

したがって帰納法の仮定によって

(9.5) $$f_1(x)=q_1(x)g(x)+r_1(x)$$
$$(\deg r_1(x) < \deg g(x))$$

のような整式 $q_1(x), r_1(x)$ が存在する. (9.4) と (9.5) から.
$$f(x)=\frac{a_0}{b_0}x^{n-m}g(x)+f_1(x)$$
$$=\left(\frac{a_0}{b_0}x^{n-m}+q_1(x)\right)g(x)+r_1(x).$$

よって,
$$q(x)=\frac{a_0}{b_0}x^{n-m}+q_1(x), \quad r(x)=r_1(x)$$

とおけば, 求める式 (9.3) を満足する.

以上で帰納法によって, 一般に定理が成立することが証明された. (終)

$q(x)$ を $f(x)$ を $g(x)$ で割ったときの商, $r(x)$ を余り (または**剰余**) と呼ぶ. $r(x)=0$ のとき $f(x)$ は $g(x)$ で**割り切れる** (**整除される**) といい, $f(x)$ は $g(x)$ の**倍数**, $g(x)$ は $f(x)$ の**約数**であるという.

例題 1. x^4+3x^2 を x^2+x で割ったときの商は x^2-x+4, 剰余は $-4x$ である.

二つの整式の両方の倍数のことを**公倍数**, 公倍数の中で次数の最小なものを**最小公倍数**とよぶ. 同じようにして二つの整式の両方の約数のことを**公約数**, 公約数の中で最大な次数をもつものを両者の**最大公約数**という.

$f(x)$ が $g(x)$ で割り切れるとき, $af(x)$ は $bg(x)$ で割り切れる. ここに a, b は 0 でない数である.

このような理由で公約数, 公倍数というときは 0 でない定数の因数だけ異なる整式は本質的には異なるものとは考えないこととする. 二つの整式が 0 でない定数の因数だけ異なっているとき, これらの整式は互いに**同伴**であるという.

整式 $f(x), g(x)$ の最大公約数を実際に求めるには**ユークリッドの互除法**が通常用いられる. これを次に述べよう.

まず $f(x)$ を $g(x)$ で割った商と剰余をそれぞれ $q_0(x), g_1(x)$ とする:

(9.6)
$$f(x) = q_0(x)g(x) + g_1(x)$$
$$(\deg g_1(x) < \deg g(x)).$$

$f(x), g(x)$ 両者の公約数は
$$f(x) - q_0(x)g(x) = g_1(x)$$
の約数でもあるから $f(x), g(x)$ の公約数を求める代りに, $g(x)$ と $g_1(x)$ の公約数を求めてもよい. ゆえにまた同じように $g(x)$ を $g_1(x)$ で割った商および剰余を $q_1(x), g_2(x)$ として

(9.7)
$$g(x) = q_1(x)g_1(x) + g_2(x)$$
$$(\deg g_2(x) < \deg g_1(x)).$$

以下同様にして $q_2(x), q_3(x), \cdots$ および $g_3(x), g_4(x), \cdots$ なる整式の列が得られ, $g_i(x)$ が 0 となるまで続けることができる. しかるに $g_1(x), g_2(x), \cdots$ の次数はしだいに低くなるから, 適当な回数の後 0 となる. ゆえに, ある n に対して

$$g_{n-2}(x) = q_{n-1}(x)g_{n-1}(x) + g_n(x),$$

$$g_{n-1}(x) = q_n(x) g_n(x)$$

となる.はじめに述べたことから $f(x), g(x)$ の最大公約数は $g(x), g_1(x)$ の最大公約数に等しく,以下同様にして $g_{n-1}(x), g_n(x)$ の最大公約数にも等しい.すなわち求める $f(x), g(x)$ の最大公約数は $g_n(x)$ に等しい.以上の方法がユークリッドの互除法である.

定理 9.2. $f(x)$ と $g(x)$ の最大公約数を $d(x)$ とすれば
$$(9.8) \qquad d(x) = p(x) f(x) + q(x) g(x)$$
を満足するような $p(x), q(x)$ が存在する.

証明. $f(x), g(x)$ の次数がいずれも 0 となる場合,すなわち両方共定数の場合は定理は明らかである.今 $\deg f(x) + \deg g(x)$ の値について数学的帰納法により定理を証明しよう.$f(x)$ の次数が $\geqq \deg g(x)$ であるとし,
$$(9.9) \qquad f(x) = q(x) g(x) + r(x)$$
$$(\deg r(x) < \deg g(x) \leqq \deg f(x))$$
とおけば,$d(x)$ は $g(x), r(x)$ の最大公約数でもあり,また
$$\deg g(x) + \deg r(x) < \deg g(x) + \deg f(x)$$
であるから,帰納法の仮定によって
$$d(x) = P(x) g(x) + Q(x) r(x)$$
のような整式 $P(x), Q(x)$ が存在する.この右辺に (9.9) の $r(x)$ の値を代入して
$$d(x) = P(x) g(x) + Q(x) (f(x) - q(x) g(x))$$
$$= Q(x) f(x) + \{P(x) - Q(x) q(x)\} g(x).$$
したがって,$d(x)$ が求める形をしていることが示された. (終)

二つの整式の最大公約数が 1 なるとき,これらは**互いに素**であるという.上の定理の特別の場合として直ちに次の定理が出る.

定理 9.3. $f(x), g(x)$ が互いに素な整式であるならば,
$$(9.10) \qquad 1 = p(x) f(x) + q(x) g(x)$$
を満足するような整式 $p(x), q(x)$ が存在する.

例題 1. 次の二つの整式の最大公約数を求めよ:

$$f(x) = x^3 + x^2 - x - 1, \quad g(x) = x^3 - 3x + 2.$$

解． ユークリッドの互除法により

(9.11) $$f(x) = q_0(x) g(x) + g_1(x),$$
(9.12) $$g(x) = q_1(x) g_1(x) + g_2(x),$$
$$\cdots\cdots\cdots\cdots\cdots\cdots$$

とおけば

$$q_0(x) = 1, \qquad g_1(x) = x^2 + 2x - 3,$$
$$q_1(x) = x - 2, \qquad g_2(x) = 4x - 4,$$
$$q_2(x) = \frac{1}{4}(x - 3), \qquad g_3(x) = 0.$$

すなわち，(9.12) に続く式は

(9.13) $$g_1(x) = q_2(x) g_2(x) \quad (g_2(x) = 4x - 4).$$

したがって，$g_2(x)$ またはそれと同伴な $x - 1$ が求める最大公約数である．

例題 2. 前例題において

$$x - 1 = p(x) f(x) + q(x) g(x)$$

となるような $p(x), q(x)$ を求めよ．

解． (9.11), (9.12) 両式により

$$g_2(x) = g(x) - q_1(x) g_1(x)$$
$$= g(x) - q_1(x)(f(x) - q_0(x) g(x))$$
$$= -q_1(x) f(x) + \{1 + q_1(x) q_0(x)\} g(x)$$

ゆえに

$$4x - 4 = (-x + 2) f(x) + (x - 1) g(x)$$
$$x - 1 = \frac{1}{4}(-x + 2) f(x) + \frac{1}{4}(x - 1) g(x)$$

問 1. 次の 2 式の最大公約数を求めよ：
$$f(x) = x^4 + 8x^3 + 23x^2 + 28x + 12, \quad g(x) = x^3 + x^2 - 4x - 4.$$

問 2. 前問題の最大公約数を定理 9.2 で述べた形に表わせ．

§10. 剰余定理,組立除法

整式
$$f(x) = a_0 x^n + a_1 x^{n-1} + \cdots + a_n$$
を $x-\alpha$ で割った商を $q(x)$, 余りを $r(x)$ とすれば, $r(x)$ は $x-\alpha$ よりも低次の整式であるから一つの定数 r に等しい. したがって
$$f(x) = q(x)(x-\alpha) + r$$
となる. この式で $x=\alpha$ を代入すれば,
$$f(\alpha) = r$$
が成り立つ. すなわち次の定理が得られた.

定理 10.1. 整式 $f(x)$ を $x-\alpha$ で割った剰余は $f(\alpha)$ に等しい.

この定理のことを**剰余定理**という.

剰余定理の特別の場合として次の定理が得られる.

定理 10.2. 整式 $f(x)$ が $x-\alpha$ で割り切れるための必要かつ十分な条件は $f(\alpha)=0$ である.

例題 1. $f(x)$ が異なる k 個の値 $\alpha_1, \alpha_2, \cdots, \alpha_k$ に対して 0 となれば, $f(x)$ は
$$(x-\alpha_1)(x-\alpha_2)\cdots(x-\alpha_k)$$
で割り切れる.

解. まず $f(\alpha_1)=0$ なることから剰余定理により
$$f(x) = q_1(x)(x-\alpha_1).$$
この式に $x=\alpha_2$ を代入すれば
$$0 = f(\alpha_2) = q_1(\alpha_2)(\alpha_2-\alpha_1)$$
であるが $\alpha_2-\alpha_1 \neq 0$ であるから $q_1(\alpha_2)=0$. したがってふたたび剰余定理を用いて
$$q_1(x) = q_2(x)(x-\alpha_2),$$
$$f(x) = q_2(x)(x-\alpha_1)(x-\alpha_2).$$
これをくりかえして

$$f(x) = q_k(x)(x-\alpha_1)(x-\alpha_2)\cdots(x-\alpha_k)$$

が得られる．

例題 2. x^3-x+a と x^2+x+b とが 1 でない公約数をもつためには定数 a, b の間にどのような関係が成立することが必要かつ十分であるか．

解． $f(x)=x^3-x+a$ を $g(x)=x^2+x+b$ で割った剰余は $r(x)=-bx+(a+b)$ である．

$f(x)$ と $g(x)$ の最大公約数は $g(x)$ と $r(x)$ の最大公約数に等しい．$g(x)$ と $r(x)$ の最大公約数が 1 でないためには（i）$b \neq 0$ でかつ $g(x)$ が $r(x)$ で割り切れる，（ii）$r(x)=0$ となる，の二つの場合のいずれかが成り立つことが必要かつ十分である（（i）（ii）以外に起り得る場合は，$r(x)$ が 0 でない定数となる場合で，この場合には $g(x)$ と $r(x)$ の最大公約数，したがって $f(x)$ と $g(x)$ の最大公約数が 1 となる）．

さて（i）の場合の起る必要かつ十分な条件は剰余定理により $r(x)=-bx+(a+b)=0$ の根 $\alpha = \dfrac{a+b}{b}$ を $g(x)$ に代入したとき 0 となることであるから，

$$g(\alpha) = \left(\frac{a+b}{b}\right)^2 + \frac{a+b}{b} + b = 0$$

すなわち

(10.1) $\qquad a^2+3ab+2b^2+b^3=0 \quad (b \neq 0).$

また（ii）は $r(x)=-bx+(a+b)=0$, すなわち $a=0, b=0$ がそのための条件であるが，これは (10.1) で条件 $b \neq 0$ を取り除いた式で書き表わすことができる．したがって（i）（ii）の両方の場合を合わせ必要かつ十分な条件は

(10.2) $\qquad a^2+3ab+2b^2+b^3=0$

である． (終)

多項式

$$f(x) = a_0 x^n + a_1 x^{n-1} + \cdots + a_n$$

の $x=\alpha$ における値 $f(\alpha)$ を実際に計算するには通常次に述べる**組立除法**が

§10. 剰余定理，組立除法

用いられる．

$f(x)$ を $x-\alpha$ で割った商を $q(x)$, 剰余を r とすれば

(10.3) $$f(x)=q(x)(x-\alpha)+r$$
$$(r=f(\alpha))$$

で，$q(x)$ は $n-1$ 次の多項式であるからこれを

(10.4) $$q(x)=b_0 x^{n-1}+b_1 x^{n-2}+\cdots+b_{n-1}$$

とおけば，(10.3) により

$$a_0=b_0,\ a_1=b_1-b_0\alpha,\ a_2=b_2-b_1\alpha,\ \cdots,\ a_n=r-b_{n-1}\alpha.$$

これらの式から $b_0, b_1, \cdots$ を求めて

$$b_0=a_0,\ b_1=a_1+b_0\alpha,\ b_2=a_2+b_1\alpha,\ \cdots,\ r=a_n+b_{n-1}\alpha$$

なる関係が得られる．これを次のような形に表わす．

$$\begin{array}{ccccc|c}
a_0 & a_1 & a_2\cdots\cdots a_{n-1} & a_n & & \underline{\alpha} \\
 & b_0\alpha & b_1\alpha\cdots\cdots b_{n-2}\alpha & b_{n-1}\alpha & & \\
\hline
b_0 & b_1 & b_2\quad\quad b_{n-1} & r & &
\end{array}$$

このような形式によって剰余を求める方法のことを**組立除法**という．

例題 3. 多項式 x^4+5x^3-3x+2 を $x+4$ で割った商および剰余を組立除法によって求めよ．

解． 与えられた多項式の x^2 の係数は 0 であることに着目し $x-\alpha=x+4$ ($\alpha=-4$) による割算を組立除法によって実行すれば

$$\begin{array}{rrrrr|r}
1 & 5 & 0 & -3 & 2 & \underline{-4} \\
 & -4 & -4 & 16 & -52 & \\
\hline
1 & 1 & -4 & 13 & -50 &
\end{array}$$

ゆえに

　　　　商 $x^3+x^2-4x+13$　剰余 -50　　　　　　　　　（終）

問 1. $f(x)=a_0 x^4+a_1 x^3+a_2 x^2+a_3 x+a_4$
を $x-\alpha$ で 2 回続けて割ることにより，$f(x)$ が $(x-\alpha)^2$ で割り切れるための条件は次の二つの等式が成り立つことであることを示せ：
$$f(\alpha)=0,$$
$$4a_0\alpha^3+3a_1\alpha^2+2a_2\alpha+a_3=0.$$

問 2. $x^5+2x^4-3x^3+4x^2-5x-1$ を $x+3$ で割ったときの商および剰余を求めよ．

§11. 部分分数

二つの整式 $f(x), g(x)$ $(g(x) \not\equiv 0)$ の比

(11.1) $$\frac{f(x)}{g(x)}$$

のことを**有理式**または**分数式**という．たとえば

$$\frac{x^3}{(x+1)^2(x-1)}$$

は一つの有理式である．積分学への応用の際などには，次のように簡単な分数の和として表示したものがしばしば用いられる：

(11.2) $$\frac{x^3}{(x+1)^2(x-1)} = 1 + \frac{A}{(x+1)^2} + \frac{B}{x+1} + \frac{C}{x-1}.$$

ここに

(11.3) $$A = \frac{1}{2}, \quad B = -\frac{5}{4}, \quad C = \frac{1}{4}.$$

次にこのような分解の仕方について詳述しよう．

まず $\deg f \geqq \deg g$ であるならば

$$f(x) = q(x)g(x) + r(x)$$
$$(\deg r < \deg g)$$

と表わすことにより

$$\frac{f(x)}{g(x)} = q(x) + \frac{r(x)}{g(x)}.$$

この右辺の第二項のように分子の次数が分母の次数よりも低い分数式のことを**真分数**という．よって真分数を分解することを論ずればよい．また分数式の分母子に共通因数があればこの因数を約しておけばよいから，われわれははじめから既約な真分数について論ずることとする．

分数式 (11.1) が既約な真分数であるとし，分母 $g(x)$ が互いに素な因数 $g_1(x), g_2(x)$ の積に分解されたものとする．定理 9.3 により

$$p(x)g_1(x) + q(x)g_2(x) = 1$$

を満足するような整式 $p(x)$, $q(x)$ が存在するから

$$\frac{f(x)}{g(x)} = \frac{f(x)}{g_1(x)g_2(x)} = \frac{f(x)}{g_1(x)g_2(x)}(p(x)g_1(x)+q(x)g_2(x))$$

$$= \frac{f(x)p(x)}{g_2(x)} + \frac{f(x)q(x)}{g_1(x)}.$$

これを

$$\frac{f(x)}{g(x)} = \frac{f_1(x)}{g_1(x)} + \frac{f_2(x)}{g_2(x)}$$

と書くことにすれば次の定理の前半が得られたことになる.

定理 11.1. 既約な真分数

$$\frac{f(x)}{g(x)}$$

の分母が互いに素な整式 $g_1(x)$, $g_2(x)$ の積であるとき

(11.4) $$\frac{f(x)}{g(x)} = \frac{f_1(x)}{g_1(x)} + \frac{f_2(x)}{g_2(x)}$$

の形に分解することができる. ここに $f_1(x), f_2(x)$ はそれぞれ $g_1(x), g_2(x)$ より低次であるようにえらべる.

証明. (11.4)の形に分解できることはすでに証明が終っている. $f_1(x), f_2(x)$ をそれぞれ $g_1(x), g_2(x)$ で割って

$$f_1(x) = q_1(x)g_1(x) + r_1(x),$$
$$f_2(x) = q_2(x)g_2(x) + r_2(x)$$
$$(\deg r_i < \deg g_i, \ i=1, \ 2)$$

とすれば,

$$\frac{f(x)}{g(x)} = \frac{f_1(x)}{g_1(x)} + \frac{f_2(x)}{g_2(x)} = (q_1(x)+q_2(x)) + \frac{r_1(x)}{g_1(x)} + \frac{r_2(x)}{g_2(x)}.$$

したがって $q_1(x)+q_2(x)=0$ であることを示せば定理の後半の証明が終る.

$$f(x) - g_2(x)r_1(x) - g_1(x)r_2(x) = (q_1(x)+q_2(x))g_1(x)g_2(x)$$

なる式の左辺の各項の次数は $\deg g_1 + \deg g_2$ より低いから右辺において $q_1(x) + q_2(x) = 0$ でなければ矛盾を生ずる. (終)

以上の論法をくり返えして真分数 (11.1) において分母 $g(x)$ が互いに素な因数の積

$$g_1(x) g_2(x) \cdots g_m(x)$$

であるならば

(11.5) $$\frac{f(x)}{g(x)} = \frac{f_1(x)}{g_1(x)} + \frac{f_2(x)}{g_2(x)} + \cdots + \frac{f_m(x)}{g_m(x)}$$

$$(\deg f_i < \deg g_i, \quad i = 1, 2, \cdots, m)$$

の形に分解されることが分った.

次に $g(x)$ が整式 $p(x)$ のベキ $(p(x))^l$ に等しい場合を考える.

$$f(x) = a_0(x) + b_0(x) p(x),$$
$$b_0(x) = a_1(x) + b_1(x) p(x),$$
$$b_1(x) = a_2(x) + b_2(x) p(x),$$
$$\cdots\cdots\cdots$$

$$(\deg a_i < \deg p, \quad i = 0, 1, 2 \cdots)$$

を順次に代入することにより

$$f(x) = a_0(x) + (a_1(x) + b_1(x) p(x)) p(x)$$
$$= a_0(x) + a_1(x) p(x) + (a_2(x) + b_2(x) p(x))(p(x))^2$$
$$\cdots\cdots\cdots$$
$$= a_0(x) + a_1(x) p(x) + a_2(x) (p(x))^2 + \cdots.$$

最後の $p(x)$ に関するベキ級数の次数は $f(x)$ の次数を越えないから有限項で切れる.

$$\frac{f(x)}{g(x)} = \frac{f(x)}{(p(x))^l}$$

が真分数であれば $a_l(x) = a_{l+1}(x) = \cdots = 0$ であることも容易に分るから,

(11.6) $$\frac{f(x)}{g(x)} = \frac{f(x)}{(p(x))^l}$$
$$= \frac{a_0(x)}{(p(x))^l} + \frac{a_1(x)}{(p(x))^{l-1}} + \cdots + \frac{a_{l-1}(x)}{p(x)}.$$

以上に述べたことをもう一度要約して見よう.

第一段． 与えられた分数式が真分数でない場合には割り算により整式と真分数の和に分解する．

第二段． 分母を互いに素な因数に分解し，(11.5) により与えられた真分数を分解する．

第三段． (11.5)の右辺の項の中で分母が一つの整式のベキとなるのに対してはさらに (11.6) の型の分解を施す．

例題 1． 分母が
$$g(x)=(x-\alpha)^k$$
となるような真分数の場合には (11.6) 式において $a_0(x)$ は $x-\alpha$ より低次の整式，すなわち定数であることから

(11.7) $$\frac{f(x)}{(x-\alpha)^k} = \frac{A_0}{(x-\alpha)^k} + \frac{A_1}{(x-\alpha)^{k-1}} + \cdots + \frac{A_{k-1}}{x-\alpha}$$

例題 2． 分母が二次式のベキ
$$g(x)=(x^2+px+q)^l$$
となる場合には (11.6) 式における $a_i(x)$ は高々一次の整式であるから

(11.8) $$\frac{f(x)}{(x^2+px+q)^l} = \frac{B_0+C_0 x}{(x^2+px+q)^l} + \frac{B_1+C_1 x}{(x^2+px+q)^{l-1}} + \cdots + \frac{B_{l-1}+C_{l-1}x}{x^2+px+q}.$$

この二つの例題と (11.5) から直ちに次の定理が得られる．

定理 11.2． 与えられた真分数
$$\frac{f(x)}{g(x)}$$
の分母が

(11.9) $$g(x) = \Pi\, (x-\alpha)^k\, \Pi\, (x^2+px+q)^l$$

のように一次式および二次式の積として表わされるとき，これらの因数に対応して

(11.10) $$\frac{f(x)}{g(x)} = \sum \left\{ \frac{A_1}{x-\alpha} + \frac{A_2}{(x-\alpha)^2} + \cdots + \frac{A_k}{(x-\alpha)^k} \right\}$$

$$+\sum\left\{\frac{B_1+C_1x}{x^2+px+q}+\frac{B_2+C_2x}{(x^2+px+q)^2}+\cdots+\frac{B_l+C_lx}{(x^2+px+q)^l}\right\}$$

のような分解ができる．

ここに Π は類似な形の因数の積を示す記号で，和の場合の $\sum$ に相当する．以上のような分解を求めることを**部分分数**に分解するという．

後の章で述べるように任意の整式 $g(x)$ は複素数の範囲で一次式の積

$$g(x)=\Pi(x-\alpha)^k \quad (\alpha:\text{複素数})$$

の形に表わすことができ，また実係数の多項式 $g(x)$ は

$$g(x)=\Pi(x-\alpha)^k\Pi(x^2+px+q)^l$$

$$(\alpha,\ p,\ q:\text{実数})$$

の形に表わすことができる．ただし $g(x)$ は x の最大べキの係数が1のような整式であるものとする．これらの事実から上記の定理の応用の広いことが理解されよう．

なお実際に $A_i,\ B_i,\ C_i$ の数値を求めるには式 (11.10) の分母を払って未定係数法を用いる等の方法によればよい．(11.10) 式の A_k を求めるには両辺に $(x-\alpha)^k$ を乗じて $x=\alpha$ を代入するのが最も簡単である．次の例でその理由を説明する．

例題 3． 次の分数式を部分分数に分解せよ：

$$\frac{x+3}{(x^2+1)^2(x-1)^3}.$$

解． 定理 3.2 によって

$$\frac{x+3}{(x^2+1)^2(x-1)^3}$$

$$=\frac{A}{x-1}+\frac{B}{(x-1)^2}+\frac{C}{(x-1)^3}+\frac{D+Ex}{x^2+1}+\frac{F+Gx}{(x^2+1)^2}.$$

C を求めるため両辺に $(x-1)^3$ を乗じて

$$\frac{x+3}{(x^2+1)^2}=C+(x-1)\left\{A(x-1)^2+B(x-1)+\frac{D+Ex}{x^2+1}+\frac{F+Gx}{(x^2+1)^2}\right\}.$$

この両辺に $x=1$ を代入して

§11. 部 分 分 数

(11.11) $$C = \frac{x+3}{(x^2+1)^2}\Big]_{x=1} = 1$$

一般に (11.10) 式においても同じ理由で A_k は

$$\frac{f(x)}{g(x)}(x-\alpha)^k$$

で $x=\alpha$ を代入した値

(11.12) $$\frac{f(x)}{g(x)}(x-\alpha)^k\Big]_{x=\alpha}$$

に等しい.

次に最初の式の両辺の分母を払って

(11.13) $$x+3$$
$$= A(x^2+1)^2(x-1)^2 + B(x^2+1)^2(x-1) + C(x^2+1)^2$$
$$+ (D+Ex)(x^2+1)(x-1)^3 + (F+Gx)(x-1)^3$$

この両辺の $x^0, x^1, x^2, \cdots, x^6$ の係数を比較して

(11.14) $\quad 3 = A - B + C - D - F,$

(11.15) $\quad 1 = -2A + B + 3D - E + 3F - G,$

(11.16) $\quad 0 = 3A - 2B + 2C - 4D + 3E - 3F + 3G,$

(11.17) $\quad 0 = -4A + 2B + 4D - 4E + F - 3G,$

(11.18) $\quad 0 = 3A - B + C - 3D + 4E + G,$

(11.19) $\quad 0 = -2A + B + D - 3E,$

(11.20) $\quad 0 = A + E.$

これに $C=1,\ E=-A$ を代入して

(11.21) $\quad A - B - D - F = 2,$

(11.22) $\quad -A + B + 3D + 3F - G = 1,$

(11.23) $\quad -2B - 4D - 3F + 3G = -2,$

(11.24) $\quad 2B + 4D + F - 3G = 0,$

(11.25) $\quad -A - B - 3D + G = -1,$

(11.26) $\quad A + B + D = 0.$

これから G を消去した式を作るため

(11.21) $\qquad A-B-D-F=2,$

(11.26) $\qquad A+B+D=0$

の他に (11.22)+(11.25) および (11.23)+(11.24) を作れば

(11.27) $\qquad -2A+3F=0,$

(11.28) $\qquad -2F=-2.$

これから

$$F=1, \quad A=\frac{3}{2} \quad \left(C=1, \ E=-\frac{3}{2}\right)$$

および

(11.29) $\qquad B+D=-\dfrac{3}{2}$

が得られる．次に (11.22)，(11.23) にすでに求められた値を代入して

(11.30) $\qquad B+3D-G=-\dfrac{1}{2},$

(11.31) $\qquad -2B-4D+3G=1.$

最後の3式から容易に

$$B=-\frac{7}{4}, \quad D=\frac{1}{4}, \quad G=-\frac{1}{2}.$$

以上から求める部分分数への分解は

$$\frac{3}{2}\frac{1}{x-1}-\frac{7}{4}\frac{1}{(x-1)^2}+\frac{1}{(x-1)^3}+\frac{1}{4}\frac{1-6x}{x^2+1}+\frac{1}{2}\frac{2-x}{(x^2+1)^2}$$

である．　　　　　　　　　　　　　　　　　　　　　　　　　　（終）

　上の計算で分るように未定係数法により $A, B, \cdots$ を求める方法は，考えとしては容易であるが実際の計算としては簡単でないことが多い．これを少しでも簡単にするための注意を一二与えておく．

注意 1. $C=1$ が求められた後

$$\frac{C}{(x-1)^3}=\frac{1}{(x-1)^3}$$

を左辺にまわして整理し，前と同じ方法で B を求め，以下同様に続ける．

§11. 部 分 分 数

$$\frac{x+3}{(x^2+1)^2(x-1)^3} - \frac{C}{(x-1)^3}$$

$$= \frac{x+3-(x^2+1)^2}{(x^2+1)^2(x-1)^3} = \frac{(x-1)(-x^3-x^2-3x-2)}{(x^2+1)^2(x-1)^3}$$

$$= \frac{-x^3-x^2-3x-2}{(x^2+1)^2(x-1)^2}$$

$$= \frac{A}{x-1} + \frac{B}{(x-1)^2} + \frac{D+Ex}{x^2+1} + \frac{F+Gx}{(x^2+1)^2}.$$

公式 (11.12) により

$$B = \frac{-x^3-x^2-3x-2}{(x^2+1)^2}\bigg]_{x=1} = -\frac{7}{4}$$

$$\frac{-x^3-x^2-3x-2}{(x^2+1)^2(x-1)^2} - \frac{B}{(x-1)^2}$$

$$= \frac{-x^3-x^2-3x-2+\dfrac{7}{4}(x^2+1)^2}{(x^2+1)^2(x-1)^2}$$

$$= \frac{1}{4}\frac{(x-1)(7x^3+3x^2+13x+1)}{(x^2+1)^2(x-1)^2}$$

$$= \frac{1}{4}\frac{7x^3+3x^2+13x+1}{(x^2+1)^2(x-1)}$$

ふたたび公式 (11.12) により

$$A = \frac{1}{4}\frac{7x^3+3x^2+13x+1}{(x^2+1)^2}\bigg]_{x=1} = \frac{3}{2},$$

注意 2. これは特に応用の広い注意ではないが最初から F, G を求めるには次のようにしてもよい.

$$\frac{x+3}{(x^2+1)^2(x-1)^3}$$

$$= \frac{A}{x-1} + \frac{B}{(x-1)^2} + \frac{C}{(x-1)^3} + \frac{D+Ex}{x^2+1} + \frac{F+Gx}{(x^2+1)^2}$$

の両辺に $(x^2+1)^2$ を乗じ, $x^2+1=0$ の根 $i, -i$ を代入して

$$F+Gi = \frac{x+3}{(x-1)^3}\bigg]_{x=i} = \frac{i+3}{(i-1)^3}$$

$$F-Gi = \frac{x+3}{(x-1)^3}\bigg]_{x=-i} = \frac{-i+3}{(-i-1)^3}$$

この右辺の値を簡単にするには分母と共役な複素数を分母子に乗じて, たとえば

$$\frac{i+3}{(i-1)^3} = \frac{(i+3)(-i-1)^3}{(i-1)^3(-i-1)^3} = \frac{(i+1)(-i-1)^3}{\{(i-1)(-i-1)\}^3}$$

$$= -\frac{(i+1)(i+1)^3}{2^3},$$

$(i+1)^3 = i^3 + 3i^2 + 3i + 1 = -i - 3 + 3i + 1$
を代入して

$$F + Gi = 1 - \frac{1}{2}i.$$

同様に，

$$F - Gi = 1 + \frac{1}{2}i$$

であるから，

$$F = 1, \quad G = -\frac{1}{2}$$

が得られる．

例題 11.4. $\dfrac{1}{x^4+1}$ を部分分数に分解せよ．

解． 分母 x^4+1 を因数分解すれば，

$$x^4 + 1 = (x^2 + \sqrt{2}\,x + 1)(x^2 - \sqrt{2}\,x + 1)$$

であるから，

$$\frac{1}{x^4+1} = \frac{Ax+B}{x^2+\sqrt{2}\,x+1} + \frac{Cx+D}{x^2-\sqrt{2}\,x+1}.$$

両辺の分母を払って

$$1 = (Ax+B)(x^2-\sqrt{2}\,x+1) + (Cx+D)(x^2+\sqrt{2}\,x+1)$$

が得られる． x の同じベキの係数を比較して

$$A + C = 0, \quad B - \sqrt{2}\,A + D + \sqrt{2}\,C = 0,$$
$$A - \sqrt{2}\,B + C + \sqrt{2}\,D = 0, \quad B + D = 1.$$

したがって，

$$A = \frac{1}{2\sqrt{2}}, \quad B = \frac{1}{2}, \quad C = -\frac{1}{2\sqrt{2}}, \quad D = \frac{1}{2}.$$

ゆえに

$$\frac{1}{x^4+1} = \frac{x+\sqrt{2}}{2\sqrt{2}\,(x^2+\sqrt{2}\,x+1)} - \frac{x-\sqrt{2}}{2\sqrt{2}\,(x^2-\sqrt{2}\,x+1)}.$$

問 1. 次の分数式を部分分数に分解せよ：

(1) $\dfrac{x-2}{(x^2+1)(x+3)^3}$, (2) $\dfrac{2x+3}{(x-1)^2(x^2+2)^2}$.

問 2. 次の分数式を部分分数に分解せよ：

(1) $\dfrac{(x-a)(x-b)}{(x-c)(x-d)}$, (2) $\dfrac{x^2}{x^4-1}$.

§12. 恒 等 式

二つの整式

(12.1) $\qquad f(x)=a_0x^n+a_1x^{n-1}+\cdots+a_n \quad (a_0\neq 0),$

(12.2) $\qquad g(x)=b_0x^m+b_1x^{m-1}+\cdots+b_m \quad (b_0\neq 0)$

が**等しい**ということの意味は $n=m$ でかつ

$$a_0=b_0,\quad a_1=b_1,\cdots,\quad a_n=b_n$$

となることをいう．これが二つの整式の等しいということの厳密な定義で，$f(x)$ と $g(x)$ がこのような場合に**形式的に等しい**ともいう．

もし $f(x)$, $g(x)$ にどのような x の値を代入してもその値が等しいとき，両者は**恒等的に等しい**といい

(12.3) $\qquad f(x)\equiv g(x)$

と表わすことがある．また (12.3) のような関係式のことを**恒等式**という．

形式的に等しい二つの整式はもちろん恒等的に等しい．

次に逆に恒等的に等しい二つの整式は形式的に等しいことを証明する．これが**未定係数法**の原理が成り立つ理由である．

定理 12.1. $a_0,a_1,\cdots,a_n$ が定数なるとき，方程式

(12.4) $\qquad a_0x^n+a_1x^{n-1}+\cdots+a_n=0$

が $n+1$ 個の異なる解を持てば係数はすべて 0 である：

$$a_0=0,\quad a_1=0,\quad \cdots,\quad a_n=0.$$

証明． もし $a_0\neq 0$ であるならば，与えられた方程式の左辺 $f(x)$ は n 次の整式である．

$$f(x)=0$$

が $x=\alpha_1,\alpha_2,\cdots,\alpha_{n+1}$ で成り立つものとすれば §10, 例題 1 により $f(x)$ は

$$(x-\alpha_1)(x-\alpha_2)\cdots(x-\alpha_{n+1})$$

で割り切れる．ところが $f(x)$ は n 次の整式であるからこれは矛盾である．したがって $a_0=0$．同じ理由で $a_1 \neq 0$ と仮定すれば矛盾を生ずるから $a_1=0$．以下同様にして $a_2=0, a_3=0,\cdots$ が得られる． (終)

式 (12.4) の左辺の係数は証明の最後には 0 となることが示されるので，n のことを**見かけの次数**とよぶ．

定理 12.2. 恒等的に等しい二つの整式は形式的に等しい．

証明．与えられた二つの整式を $f(x), g(x)$ とすれば仮定により整式 $f(x) - g(x)$ は恒等的に 0 に等しい．したがって方程式

$$f(x) - g(x) = 0$$

は無限に多くの解を持つから前定理により左辺の整式は形式的に 0 に等しい．したがって，

$$f(x) \equiv g(x). \qquad (終)$$

定理 12.1 の応用例を次に示そう．

例題 1. 次の等式を証明せよ：

$$\frac{x}{(x-a)(x-b)(x-c)}$$
$$= \frac{a}{(a-b)(a-c)(x-a)} + \frac{b}{(b-a)(b-c)(x-b)} + \frac{c}{(c-a)(c-b)(x-c)}.$$

解．証明すべき式の分母を払って整理すれば

(12.5)
$$x = \frac{a(x-b)(x-c)}{(a-b)(a-c)} + \frac{b(x-a)(x-c)}{(b-a)(b-c)} + \frac{c(x-a)(x-b)}{(c-a)(c-b)}.$$

これは

(12.6) $$Ax^2 + Bx + C = 0$$

の形の見かけ上の二次方程式である．式 (12.6) あるいは正確には式 (12.5) は $x=a, b, c$ の三つの値に対して成り立つ．したがって定理 12.1 により (12.6) (いいかえれば (12.5)) は恒等的に成り立つ． (終)

この例題は与えられた式の左辺

§12. 恒 等 式

$$\frac{x}{(x-a)(x-b)(x-c)}$$

を部分分数に分解することによっても直ちに右辺に等しいことが証明される.

以上のように定理 12.1 による方法, 部分分数に分解する方法の他に, 直接に順次に項を加えて計算して整理することによっても証明されることはもちろんである.

例題 2. 次の等式を証明せよ:

$$\frac{1}{a(a-b)(a-c)}+\frac{1}{b(b-c)(b-a)}+\frac{1}{c(c-a)(c-b)}=\frac{1}{abc}.$$

解. 第一法(部分分数による方法)

a の代りに x と書けば証明すべき式は

$$\frac{1}{x(x-b)(x-c)}=\frac{1}{b(b-c)(x-b)}+\frac{1}{c(c-b)(x-c)}+\frac{x}{xbc}.$$

これを証明するために

$$\frac{1}{x(x-b)(x-c)}=\frac{A}{x}+\frac{B}{x-b}+\frac{C}{x-c}$$

とおけば,

$$A=\frac{1}{(x-b)(x-c)}\bigg]_{x=0}=\frac{1}{bc},$$

$$B=\frac{1}{x(x-c)}\bigg]_{x=b}=\frac{1}{b(b-c)},$$

$$C=\frac{1}{x(x-b)}\bigg]_{x=c}=\frac{1}{c(c-b)}.$$

したがって求める式が証明された.

第二法(定理 12.1 による方法)

第一法と同じように a の代りに x とおいて

$$\frac{1}{x(x-b)(x-c)}+\frac{1}{b(b-c)(b-x)}+\frac{1}{c(c-x)(c-b)}-\frac{1}{xbc}=0$$

を証明する. 分母を払って整理すれば x の二次方程式が得られるから定理 12.1 により x の特殊な三つの値に対してその式が成り立つことを示せば恒等的にも

成立することが分る.

分母を払った式は
$$1-\frac{x(x-c)}{b(b-c)}-\frac{x(x-b)}{c(c-b)}-\frac{(x-b)(x-c)}{bc}=0.$$
この式が $x=0, b, c$ で成立することは明らかであるから証明が終る.

第三法(直接法)

与式を左辺に集めて通分すれば
$$\frac{-bc(b-c)-ca(c-a)-ab(a-b)-(a-b)(b-c)(c-a)}{abc(a-b)(b-c)(c-a)}.$$
この式の分子は実際に計算することにより 0 に等しいことが分るから与式の正しいことが分る. (終)

問 1. 次の等式を証明せよ:

(1) $\dfrac{a}{(a-b)(a-c)}+\dfrac{b}{(b-c)(b-a)}+\dfrac{c}{(c-a)(c-b)}=0,$

(2) $\dfrac{1}{(a-b)(a-c)}+\dfrac{1}{(b-c)(b-a)}+\dfrac{1}{(c-c)(a-b)}=0.$

問 2. 次の等式を証明せよ:
$$\frac{x^2}{(x+a)(x+b)(x+c)}$$
$$=\frac{a^2}{(a-b)(a-c)(x+a)}+\frac{b^2}{(b-c)(b-a)(x+b)}+\frac{c^2}{(c-a)(c-b)(x+c)}.$$

問 題 3

1. x^3-6x^2+9x-2 および x^3-4x+8 の最大公約数を求めよ.

2. ax^3+bx^2+c は $x-1$ で割り切れ, $x-2$ で割れば余りが 3, $x-3$ で割れば余りが 5 であるという. a, b, c の値を求めよ.

3. 整数 $f(x)$ を $x-1$ で割った余りは 2, $x-2$ で割った余りは 9 であるという. $f(x)$ を $(x-1)(x-2)$ で割った余りは $7x-5$ であることを示せ.

4. 整式 $f(x)$ を $x-\alpha$ で割った余りは A, $x-\beta$ で割った余りは B であるとき, $f(x)$ を $(x-\alpha)(x-\beta)$ で割った余りは
$$\frac{A-B}{\alpha-\beta}x+\frac{\alpha B-\beta A}{\alpha-\beta}$$
であることを示せ. ここに α, β は異なる定数である.

5. px^4+qx^3-1 が $(x-1)^2$ で割り切れるためには p, q はどのような定数でなければならないか。

6. $(x^2+2x+4)^3$ を x^2+3x+4 で割った剰余を求めよ。

7. 次の割り算の商および剰余を組立除法によって求めよ：
（1） x^3-2x^2+5x-3 を $x-1$ で割れ。
（2） $x^4+4x^3-5x^2+2$ を $x-2$ で割れ。

8. a^2, b^2, c^2 が異なる値であるとき
$$\frac{1}{(x^2+a^2)(x^2+b^2)(x^2+c^2)}$$
を部分分数に分解せよ。

9. 分数式
$$\frac{1}{(x-1)(x-2)(x^2+2x+3)}$$
を部分分数に分解せよ。

10. 次の分数式を部分分数に分解せよ：
$$\frac{1}{(x+1)(x-3)^2(x^2-x+3)}.$$

11. 次の等式を証明せよ：
$$\frac{x}{(x-a)(x-b)(x-c)(x-d)}$$
$$=\frac{a}{(a-b)(a-c)(a-d)(x-a)}+\frac{b}{(b-a)(b-c)(b-d)(x-b)}$$
$$+\frac{c}{(c-a)(c-b)(c-d)(x-c)}+\frac{d}{(d-a)(d-b)(d-c)(x-d)}.$$

12. 次の式を簡単にせよ：
$$\frac{a^2}{(a-b)(a-c)}+\frac{b^2}{(b-a)(b-c)}+\frac{c^2}{(c-a)(c-b)}.$$

13. 次の式を証明せよ：
$$\frac{x(y-z)^2}{(x-y)(x-z)}+\frac{y(z-x)^2}{(y-z)(y-x)}+\frac{z(x-y)^2}{(z-x)(z-y)}=-(x+y+z).$$

第4章 対称式, 交代式

§13. 多元整式

前に一元の整式 $f(x)$ について論じたが,
$$x^2+xy-2x, \quad \frac{x^3+x^2y}{x^2+yz}$$
等をそれぞれ**多元整式**, **多元有理式**(あるいは簡単に**整式**, **有理式**)と呼ぶ.

整式
$$2x^3y^2z+5x^2y^3-7xy$$
は三つの**項**から成り, 各元に関する次数の和
$$3+2+1=6,\ 2+3=5,\ 1+1=2$$
を各項の**次数**と呼ぶ. $2, 5, -7$ のことをそれぞれの項の**係数**という. 一つの整式の**次数**とはその整式のあらゆる項の次数の中で最大のものをいう.
$$2x^2y+y^3-yz^2$$
のように各項の次数が同じとき, その整式を**同次式**と呼ぶ. 以上は例について定義したが一般の整式について定義を与えることも容易である.

例題 1. 整式 f の次数を一元整式の場合と同様 $\deg f$ と表わすことにすれば,
$$\deg fg = \deg f + \deg g$$
なる等式が 0 でない整式 f, g に対して成立する.

解. $\deg f = m,\ \deg g = n$ とする.

積 fg に現われる項は f, g の項の積または同類項を加えたものであるから fg の項の次数はいずれも適当な f, g の項の次数の和に等しい. したがって fg の最大の次数の項についても同様のことがいわれるから,
$$\deg fg \leqq \deg f + \deg g = m+n.$$
同類項を加えたときに若干の項の係数は 0 となるので, 上の考察だけからは等式が成り立つことを直ぐに示すことはできない.

§13. 多元整式

f の最高次数の項を $X_1, X_2, \cdots, X_k$, g のそれを $Y_1, Y_2, \cdots, Y_l$ とし,
(13.1) $$f \cdot g = (X_1 + \cdots + X_k + \cdots)(Y_1 + \cdots + Y_l + \cdots)$$
$$= (X_1 + \cdots + X_k)(Y_1 + \cdots + Y_l) + \cdots$$
の省略した部分の次数は明らかに $m+n$ より低い. したがって,
(13.2) $$(X_1 + \cdots + X_k)(Y_1 + \cdots + Y_l) \not\equiv 0$$
が示されれば, 積 (13.2) は少なくも一つ 0 でない項を含み, またその項の次数は明らかに $m+n$ に等しいから (13.1) の展開が $m+n$ 次の項を含むことが分り,
$$\deg f \cdot g \geqq m+n.$$
これと前の不等式から
$$\deg f \cdot g = m+n$$
がいわれる. (13.2) は 0 でない整式の積は 0 でないことから分るのであるが, これを念のために次の例題を証明しておこう.

例題 2. f, g が 0 でない整式であればその積 $f \cdot g$ も 0 でない.

解. 変数が 1 個の場合にはこの事実は明らかに成立する. 帰納法によって命題を証明しよう. f に実際に現われる変数の一つを x_1 とし, f, g を x_1 によって整理し,
$$f = X_0 x_1{}^a + X_1 x_1{}^{a-1} + \cdots + X_a,$$
$$g = Y_0 x_1{}^b + Y_1 x_1{}^{b-1} + \cdots + Y_b.$$
ここに $X_0, X_1, \cdots$; $Y_0, Y_1, \cdots$ は x_1 以外の変数の整式で $X_0 \not\equiv 0, Y_0 \not\equiv 0$ である. 積 $f \cdot g$ を x_1 のベキで整理すれば,
$$f \cdot g = X_0 Y_0 x_1{}^{a+b} + (X_0 Y_1 + X_1 Y_0) x_1{}^{a+b-1} + \cdots$$
のように, 少なくとも見かけ上の x_1 に関する最高ベキの項は
$$X_0 Y_0 x_1{}^{a+b}$$
である. X_0, Y_0 の変数の個数は (x_1 がはいっていないので) f, g より少なくとも 1 個少ない. したがって, 帰納法の仮定により $X_0 Y_0 \not\equiv 0$. これで証明が終った.

例題 3. 次の整式を因数に分解せよ:

$$f = f(x, y, z) = -x^3 - y^3 - z^3$$
$$+ x^2(y+z) + y^2(x+z) + z^2(x+y) - 2xyz.$$

解． 変数 x について整理して

$$-x^3 + x^2(y+z) + x(y^2+z^2-2yz) - y^3 - z^3 + y^2 z + z^2 y$$
$$= -x^3 + x^2(y+z) + x(y-z)^2 + (y-z)(z-y)(z+y)$$
$$= -x^3 + \alpha x^2 + \beta^2 x - \alpha \beta^2 \quad (\alpha = y+z,\ \beta = y-z)$$
$$= -(x-\alpha)(x^2 - \beta^2)$$
$$= -(x-\alpha)(x-\beta)(x+\beta)$$
$$= -(x-y-z)(x-y+z)(x+y-z).$$

（終）

問 1. f, g が整式なるとき，

$$\deg(f+g) \leq \max(\deg f,\ \deg g)$$

なることを示せ．ただし max はその後にある量（この問題では $\deg f$ および $\deg g$）の中で最大なものを表わす記号である．

問 2. 次の式を簡単にせよ：

$$(x+y+z)^3 - (y+z)^3 - (z+x)^3 - (x+y)^3 + x^3 + y^3 + z^3.$$

§14. 対 称 式

n 個の文字 $x_1, x_2, \cdots, x_n$ についての整式 $f(x_1, x_2, \cdots, x_n)$ において，どの二つの変数を交換しても初めの函数に等しいとき，この函数はこれらの文字についての**対称式**であるという．たとえば

$$2(x+y+z) - (xy+yz+zx)$$

は x, y, z に関する対称式であるが，

(14.1) $\qquad\qquad xy + z - 2xyz$

において x と z を交換すれば

$$zy + x - 2zyx$$

となって初めの整式と異なる整式になるから整式 (14.1) は対称式ではない．

例題 1. x, y, z に関する一般な 2 次の対称式は

$$A(x^2+y^2+z^2) + B(xy+yz+zx) + C(x+y+z) + D$$

である．ここに A, B, C, D は任意の定数である．

例題 2. x, y, z に関する一般な3次の対称式は
$$A(x^3+y^3+z^3)+B(x^2y+xy^2+x^2z+xz^2+y^2z+yz^2)+Cxyz+(\text{2 次の対称式})$$
の形である．

n 個の文字 $x_1, x_2, \cdots, x_n$ の対称式の中で標準的なものは次の n 個の式で，これらを**基本対称式**とよぶ：
$$s_1 = x_1 + x_2 + \cdots + x_n,$$
$$s_2 = x_1 x_2 + x_1 x_3 + \cdots + x_{n-1} x_n,$$
$$s_3 = x_1 x_2 x_3 + x_1 x_2 x_4 + \cdots + x_{n-2} x_{n-1} x_n,$$
$$\cdots\cdots\cdots\cdots\cdots\cdots\cdots,$$
$$s_n = x_1 x_2 \cdots x_n.$$

対称式の性質をしらべるために次の準備をする．

変数 $x_1, x_2, \cdots, x_n$ の二つのベキ積
$$x_1^{a_1} x_2^{a_2} \cdots x_n^{a_n}, \quad x_1^{b_1} x_2^{b_2} \cdots x_n^{b_n}$$
において，
$$a_1 - b_1, \; a_2 - b_2, \; \cdots, \; a_n - b_n$$
の中で 0 にならない最初のものが正であるとき，前者は後者より辞書の順で**高い**，後者は前者より**低い**ということにする．

たとえば
$$x_1^2 x_2 x_3, \quad x_1 x_2^2 x_3, \quad x_1 x_2 x_3^3$$
はちょうど辞書の順になっている．
$$s_1^{a_1} s_2^{a_2} \cdots s_n^{a_n}$$
の展開の中で最高の項を求めるには，s_1 の中で最高の項が x_1, s_2 の中で最高の項が $x_1 x_2$, s_3 の中で最高の項が $x_1 x_2 x_3, \cdots$ であることに注意して
$$x_1^{a_1} (x_1 x_2)^{a_2} (x_1 x_2 x_3)^{a_3} \cdots (x_1 x_2 x_3 \cdots x_n)^{a_n} = x_1^{a_1+a_2+\cdots+a_n} x_2^{a_2+\cdots+a_n} \cdots x_n^{a_n}$$
であることが分る．

いま，$s_1, s_2, \cdots, s_n$ の二つのベキ積

(14.1) $\quad s_1^{a_1}s_2^{a_2}\cdots s_n^{a_n}, \quad s_1^{b_1}s_2^{b_2}\cdots s_n^{b_n}$

を考えれば,それらの展開の項の中で最高のものはそれぞれ

$$x_1^{a_1+a_2+\cdots+a_n}x_2^{a_2+\cdots+a_n}\cdots x_n^{a_n}$$

および

$$x_1^{b_1+b_2+\cdots+b_n}x_2^{b_2+\cdots+b_n}\cdots x_n^{b_n}$$

であり,これらのベキ積の等しいのは

$$a_1=b_1, \quad a_2=b_2, \quad \cdots, \quad a_n=b_n$$

のとき,すなわち (14.1) の二つのベキ積が等しいときに限る. このことから次の定理が成り立つ.

定理 14.1. 整式 $G(z_1, z_2, \cdots, z_n)$ に $z_1=s_1, z_2=s_2, \cdots, z_n=s_n$ を代入したとき 0 となるならば, G 自身も 0 に等しい.

証明.
$$G(z_1, z_2, \cdots, z_n) = Az_1^{a_1}z_2^{a_2}\cdots z_n^{a_n} + Bz_1^{b_1}z_2^{b_2}\cdots z_n^{b_n} + \cdots$$

に $z_i=s_i$ を代入して展開すれば,

$$G(s_1, s_2, \cdots, s_n)$$
$$= A(x_1^{a_1+\cdots+a_n}x_2^{a_2+\cdots+a_n}\cdots x_n^{a_n}+\cdots)$$
$$+ B(x_1^{b_1+\cdots+b_n}x_2^{b_2+\cdots+b_n}\cdots x_n^{b_n}+\cdots)$$
$$+\cdots.$$

これが仮定により 0 であるから最高位の項の係数も 0 でなければならない. 最高位の項が $As_1^{a_1}s_2^{a_2}\cdots s_n^{a_n}$ の展開にあるならば,それは

$$Ax_1^{a_1+\cdots+a_n}x_2^{a_2+\cdots+a_n}\cdots x_n^{a_n}$$

であり,同類項がないことは前に証明した通りであるから $A=0$ でなければならない. 以下同様にして $B=0, C=0, \cdots$ であるから,

$$G(z_1, z_2, \cdots, z_n)=0$$

である.

定理 14.2. $F(x_1, x_2, \cdots, x_n)$ が n 個の文字 $x_1, x_2, \cdots, x_n$ の対称式である

§14. 対 称 式

ならば F は基本対称式 $s_1, s_2, \cdots, s_n$ の整式として表わすことができる．

証明． $F(x_1, x_2, \cdots, x_n)$ の最高位の項を
$$A x_1^{a_1} x_2^{a_2} \cdots x_n^{a_n}$$
とし，

(14.2)
$$F_1(x_1, x_2, \cdots, x_n) = F(x_1, x_2, \cdots, x_n) - A s_1^{a_1-a_2} s_2^{a_2-a_3} \cdots s_{n-1}^{a_{n-1}-a_n} s_n^{a_n}$$

とおけば，
$$A s_1^{a_1-a_2} s_2^{a_2-a_3} \cdots s_{n-1}^{a_{n-1}-a_n} s_n^{a_n}$$
の展開における最高位の項は前に述べたことから
$$A x_1^{a_1} x_2^{a_2} \cdots x_n^{a_n}$$
であるから，F_1 の項はすべて F よりも低位である．したがって，低い対称式について定理が成立しているものとすれば F_1 は
$$F_1(x_1, x_2, \cdots, x_n) = G(s_1, s_2, \cdots, s_n)$$
のように基本対称式の整式として表わすことができる．(14.2) 式から F も s_i の整式として表わされる．低い項のみを含む対称式が基本対称式の整式となることは直接験証することができるから帰納法により定理の証明が終る．

(終)

以上の二つの定理によって任意の対称な整式が基本対称式の整式としてただ一通りに表わされることが分った．

基本対称式 $s_1, s_2, \cdots, s_n$ のベキ積でそれぞれ1次式，2次式，3次式等となるものを次に挙げておこう．

(14.3)

次数	ベ キ 積
1	s_1
2	s_1^2, s_2
3	s_1^3, $s_1 s_2$, s_3
4	s_1^4, $s_1^2 s_2$, $s_1 s_3$, s_2^2, s_4
5	s_1^5, $s_1^3 s_2$, $s_1^2 s_3$, $s_1 s_2^2$, $s_1 s_4$, $s_2 s_3$, s_5

例題 3. 前節の問2の式を基本対称式によって表わせ.

解. (14.3) 表により基本対称式のベキ積の3次のものは $s_1{}^3,\ s_1 s_2,\ s_3$ の三つであることと，与えられた式

(14.4)　　　$(x+y+z)^3-(y+z)^3-(z+x)^3-(x+y)^3+x^3+y^3+z^3$

が同次式であることから，

$$\text{上式}=As_1{}^3+Bs_1 s_2+Cs_3.$$

定数 $A,\ B,\ C$ を求めるため $x,\ y,\ z$ に簡単な値を代入して見る.

$$x=1,\ y=0,\ z=0\ (s_1=1,\ s_2=0,\ s_3=0)$$

のとき与えられた式の値は0であるから

$$0=A.$$

同じように $x=1,\ y=1,\ 0$ のとき

$$0=2A+B,\quad \therefore\ B=0.$$

$x=y=z=1$ のとき

$$6=3A+6B+C,\quad \therefore\ C=6.$$

すなわち　　　　　　　与式$=6xyz.$

例題 4. 次の式を基本対称式の整式として表わせ：

$$(x+y+z)^4-(y+z-x)^4-(z+x-y)^4-(x+y-z)^4.$$

解. 与式は4次の同次式であるから

$$As_1{}^4+Bs_1{}^2 s_2+Cs_1 s_3+Ds_2{}^2+Es_4$$

の形に表わされる．$s_4=x_1 x_2 x_3 x_4$ ($x_1=x,\ x_2=y,\ x_3=z$ とおいたとき，x_4 はこの問題では意味をもたない) は実際に現われないから $E=0$. 最高の項 x^4 の係数を比較して $A=-2$. 同様に $s_1{}^2 s_2,\ s_1 s_3,\ s_2{}^2$ の最高位の項に相当する $x^3 y,\ x^2 yz,\ x^2 y^2$ の係数を比較して

$$8=4A+B,$$
$$24=12A+5B+C+2D,$$
$$-12=6A+2B+D.$$

これらを解いて

$$A=-2,\ B=16,\ C=32,\ D=-32.$$

したがって，与式は
$$-2s_1^4+16s_1^2s_2+32s_1s_3-32s_2^2$$
に等しい． (終)

上のように適当な項の係数を比較する方法の他，たとえば x, y, z に $(1, -1, 0)$, $(1, 1, -1)$, $(1, 1, 0)$ 等の簡単な値を代入することにより
$$-32=D,$$
$$-82=A-B-C+D,$$
$$0=16A+4B+D$$
なる諸関係を導いてももちろん同様の値が得られる．

問 1. $F=x_1^4+x_2^4+\cdots+x_n^4$ を基本対称式の整式として表わせ．ただし $n\geqq 4$ とする．

問 2. x_1, x_2, x_3, x_4 に関する対称式
$$\sum x_1^2 x_2 x_3 = x_1^2 x_2 x_3 + x_1 x_2^2 x_3 + \cdots + x_2^2 x_3 x_4$$
の項を全部書け．またこの式を基本対称式の整式として表わせ．

§15. 根と係数の関係

n 次の方程式
(15.1) $$x^n+a_1x^{n-1}+\cdots+a_{n-1}x+a_n=0$$
は高々 n 個の根をもつことを前に証明した．

もし方程式 (15.1) の左辺がちょうど $(x-\alpha)^e$ で割り切れるとき，根 α は**重複度** e をもつといい，$e>\alpha$ の時 α を**重根**, $e=1$ のとき**単根**と呼ぶ．

一般に n 次の方程式は，重根はその重複度だけ数えることにすれば，複素数の範囲でちょうど n 個の根をもつことが証明される．その証明は本書の程度を越えるのでここでは省略して最後の章でその概略を示すこととする．

いま (15.1) の n 個の根を $\alpha_1, \alpha_2, \cdots, \alpha_n$ とすれば (15.1) の左辺は
(15.2) $$(x-\alpha_1)(x-\alpha_2)\cdots(x-\alpha_n)$$
とも書き表わすことができる．

式 (15.2) を x のベキに展開する際，x^{n-k} の同類項を得るには $-\alpha_1, -\alpha_2,$

$\cdots, -\alpha_n$ の中から k 個をえらび，残りの $n-k$ 個の因子から x をとって乗ずればよい．したがって

(15.3) $\begin{cases} \alpha_1+\alpha_2+\cdots+\alpha_n=-a_1, \\ \alpha_1\alpha_2+\alpha_1\alpha_3+\cdots+\alpha_{n-1}\alpha_n=a_2, \\ \alpha_1\alpha_2\alpha_3+\alpha_1\alpha_2\alpha_4+\cdots+\alpha_{n-2}\alpha_{n-1}\alpha_n=-a_3. \\ \qquad\cdots\cdots\cdots\cdots\cdots\cdots, \\ \alpha_1\alpha_2\cdots\alpha_n=(-1)^n a_n, \end{cases}$

もし初めに与えられた方程式が

(15.4) $\qquad a_0 x^n + a_1 x^{n-1} + \cdots + a_n = 0$

の形であるならば，これを書き直して

$$x^n + \frac{a_1}{a_0} x^{n-1} + \cdots + \frac{a_n}{a_0} = 0$$

と書くことができるから上の根と係数の関係の公式において $a_1, a_2, \cdots, a_n$ の代りに $\dfrac{a_1}{a_0}, \dfrac{a_2}{a_0}, \cdots, \dfrac{a_n}{a_0}$ と書けばよい．

例題 1. 二次方程式 $ax^2+bx+c=0$ の根を α, β とすれば

$$\alpha+\beta = -\frac{b}{a}, \quad \alpha\beta = \frac{c}{a}.$$

三次方程式 $ax^3+bx^2+cx+d=0$ の根を α, β, γ とすれば

$$\alpha+\beta+\gamma = -\frac{b}{a}, \quad \alpha\beta+\alpha\gamma+\beta\gamma = \frac{c}{a}, \quad \alpha\beta\gamma = -\frac{d}{a}.$$

上に述べた公式 (15.3) により代数方程式 (15.1) の係数は ± 1 の符号を除いてその根の基本対称式に等しい．

方程式 (15.4) の根を $\alpha_1, \alpha_2, \cdots, \alpha_n$ とするとき，

$$\begin{aligned}\varDelta &= \prod_{i<j}(\alpha_i-\alpha_j) \\ &= (\alpha_1-\alpha_2)(\alpha_1-\alpha_3)\cdots(\alpha_1-\alpha_n) \\ &\qquad \times (\alpha_2-\alpha_3)\cdots(\alpha_2-\alpha_n) \\ &\qquad\qquad \cdots\cdots\cdots\cdots\cdots \\ &\qquad\qquad\qquad \times (\alpha_{n-1}-\alpha_n)\end{aligned}$$

のことを方程式の**差積**とよぶ．差積の平方に a_0^{2n-2} を乗じたものを方程式
(15.4) の左辺の $f(x)$ の**判別式**とよび $D=D(f)$ と表わす．対称式の基本定
理から Δ^2 は

$$\frac{a_1}{a_0}, \frac{a_2}{a_0}, \cdots, \frac{a_n}{a_0}$$

の整式として表わすことができる．したがって判別式 D も $a_0, a_1, \cdots, a_n$ によ
り表わすことができる．Δ の意味から明らかなように $f(x)$ が重根をもつため
の必要かつ十分な条件はその判別式が 0 となることである．

例題 2. $f(x)=ax^2+bx^2+c$ の 2 根を α, β とすれば，

$$D=a^2(\alpha-\beta)^2=a^2\left\{((\alpha+\beta)^2-4\alpha\beta\right\}$$
$$=a^2\left\{\left(-\frac{b}{a}\right)^2-4\frac{c}{a}\right\}=b^2-4ac.$$

例題 3. $f(x)=x^3+px+q$ の判別式を求めよ．

解． $f(x)=0$ の根を α, β, γ とすれば判別式は

$$D=(\alpha-\beta)^2(\alpha-\gamma)^2(\beta-\gamma)^2.$$

α, β, γ の基本対称式は

$$s_1=0, \quad s_2=p, \quad s_3=-q.$$

D は α, β, γ についての 6 次の対称式であるが，$s_1=0$ であるから 0 でない
基本対称式のベキ積は $s_2^3=p^3$, $s_3^2=q^2$ の二つしかない．したがって

$$D=Ap^3+Bq^2$$
$$=A(\alpha\beta+\alpha\gamma+\beta\gamma)^3+B(\alpha\beta\gamma)^2.$$

$-s_1=\alpha+\beta+\gamma=0$ のような特別な値

$$\alpha=\beta=1, \qquad \gamma=-2,$$
$$\alpha=1, \quad \beta=-1, \quad \gamma=0$$

を代入して

$$0=-27A-4B, \quad 4=-A.$$

ゆえに $A=-4$, $B=-27$ であるから，

$$D = -4p^3 - 27q^2.$$

問 1. $f(x) = x^3 + ax^2 + b$ の判別式 D を次の方法によって求めよ.
(1) 3根 α, β, γ の6次の基本対称式のベキ積をすべて求める.
(2) その中で s_2 を因数にもつものは仮定により0であるから取り除く.
(3) $s_2 = 0$ を満足する3根の値(たとえば $(1, 0, 0)$, $(2, 2, -1)$, $(3, 6, -2)$))を用いて D を基本対称式のベキ積の一次式として表わしたときの係数を求める.

問 2. $x^3 + px^2 + qx + r = 0$ の3根を α, β, γ とするとき, 次の式を p, q, r で表わせ:
(1) $\dfrac{\beta\gamma}{\alpha} + \dfrac{\gamma\alpha}{\beta} + \dfrac{\alpha\beta}{\gamma}$,
(2) $\alpha^3(\beta+\gamma) + \beta^3(\gamma+\alpha) + \gamma^3(\alpha+\beta)$.

§16. 交 代 式

n 個の文字 $x_1, x_2, \cdots, x_n$ の整式 $f(x_1, x_2, \cdots, x_n)$ があり, その任意の二つの変数 x_i, x_j を交換したとき符号を変ずるとき, すなわち

$$(16.1) \quad f(x_1, \cdots, x_j, \cdots, x_i, \cdots, x_n) = -f(x_1, \cdots, x_i, \cdots, x_j, \cdots, x_n)$$

なる関係を満たすとき, $f(x_1, x_2, \cdots, x_n)$ は**交代式**であるという.

いま $f(x_1, x_2, \cdots, x_n)$ が交代式であるとし, 関係式 (16.1) において x_i に x_j を代入すれば,

$$f(x_1, x_2, \cdots, x_j, \cdots, \cdots, x_j, \cdots x_n)$$
$$= -f(x_1, x_2, \cdots, x_j, \cdots, x_j, \cdots, x_n),$$
$$\therefore\ 2f(x_1, x_2, \cdots, x_j, \cdots, x_j, \cdots, x_n) = 0,$$
$$f(x_1, x_2, \cdots, x_j, \cdots, x_j, \cdots, x_n) = 0.$$

したがって剰余定理により f は $x_i - x_j$ により割り切れる. これは任意の i, j に対して成り立つから f は

$$\Delta = \prod_{i<j} (x_i - x_j)$$
$$= (x_1 - x_2)(x_1 - x_3) \cdots (x_1 - x_n)$$
$$\times (x_2 - x_3) \cdots (x_2 - x_n)$$
$$\cdots\cdots\cdots\cdots\cdots$$
$$\times (x_{n-1} - x_n)$$

§16. 交代式

によって割り切れる．上式を**差積**と名づけることはすでに述べた．
$$f(x_1, x_2, \cdots, x_n) = \Delta g(x_1, x_2, \cdots, x_n)$$
とおけば，任意の二つの変数 x_i, x_j を交換するとき Δ, f が符号を変ずることから整式 g が対称式となることが分る．以上から

定理 16.1． 交代式は差積と対称式の積として表わすことができる．

例題 1． 次の式を因数に分解せよ：
$$x(y-z)^5 + y(z-x)^5 + z(x-y)^5$$

解． 与えられた式は 6 次の同次式でかつ交代式であるから

(16.1) $\quad$ 与式 $= (x-y)(y-z)(z-x)(As_1^3 + Bs_1s_2 + Cs_3)$

の形に表わされる．ここに s_1, s_2, s_3 は x, y, z の基本対称式である．

両辺の x^5y, x^4y^2 の係数を比較して
$$-1 = -A, \quad 0 = -2A - B.$$
すなわち
$$A = 1, \quad B = -2.$$
次に C を含む右辺の項が 0 とならないような x, y, z の値として，たとえば
$$x = 1, \quad y = -1, \quad z = 2$$
とおけば
$$\text{左辺} = (-3)^5 - 1 + 2 \cdot 2^5 = -180,$$
$$\text{右辺} = (-6)(2^3 A - 2B - 2C),$$
$$\therefore C = -9.$$
ゆえに
$$\text{与式} = (x-y)(y-z)(z-x)(s_1^3 - 2s_1s_2 - 9s_3)$$
$$= (x-y)(y-z)(z-x)(x^3 + y^3 + z^3$$
$$+ x^2y + xy^2 + x^2z + xz^2 + y^2z + yz^2 - 9xyz).$$

例題 2． 次の式を因数分解せよ：
$$(y-z)(x^4 + y^2z^2) + (z-x)(y^4 + z^2x^2) + (x-y)(z^4 + x^2y^2).$$

解． 与式は 5 次の同次式でかつ交代式であるから，
$$\text{与式} = (x-y)(x-z)(y-z)(As_1^2 + Bs_2)$$

の形に表わすことができる。

両辺の最高位の項（x^4y の項 の係数を比較して $A=1$. 次に B を含むなるべく高位の項（x^3y^2 の項）の係数を比較して
$$1 = A + B.$$
すなわち $B=0$ であるから
$$与式 = (x-y)(x-z)(y-z)(x+y+z)^2.$$

問 1. 次の式を因数に分解せよ：
$$x^4(y-z) + y^4(z-x) + z^4(x-y).$$

問 2. 次の式を因数分解せよ：
$$(y^2-z^2)(x+yz)^2 + (z^2-x^2)(y+xz)^2 + (x^2-y^2)(z+xy)^2.$$

（注意．平方の部分を展開して求める和が
$$(y^2-z^2)(yz)^2 + (z^2-x^2)(xz)^2 + (x^2-y^2)(xy)^2$$
に等しいことを示し，$x^2=x_1,\ y^2=y_1,\ z^2=z_1$ とおいて変形せよ）．

問 題 4

1. 同次式の約数は同次式であることを証明せよ．

2. 次の対称式を基本対称式 $s_1, s_2, \cdots, s_n$ によって表わせ：

(1) $\dfrac{1}{x_1} + \dfrac{1}{x_2} + \cdots + \dfrac{1}{x_n}$,

(2) $(1+x_1^2)(1+x_2^2)\cdots(1+x_n^2)$,　　$(n=3)$

*(3) $x_1^5 + x_2^5 + \cdots + x_n^5$,

*(4) $x_1^2 x_2^3 + x_1^2 x_3^3 + \cdots + x^2_{n-1} x_n^3$.

3. 次の式を因数分解せよ：
$$(x+y+z)^4 - (y+z)^4 - (z+x)^4 - (x+y)^4 + x^4 + y^4 + z^4.$$

4. 次の式を因数分解せよ．また基本対称式によって表わせ：
$$(x+y+z)^5 - x^5 - y^5 - z^5.$$

5. λ が定数なるとき $x^3+y^3+z^3+\lambda xyz$ が $x+y+z$ で整除されるためには λ の値はどのような値にならなければならないか．

6. $m=1,2,3,\cdots$ に対して
$$S_m = x_1^m + x_2^m + \cdots + x_n^m$$
とおけば，
$$S_m = s_1 S_{m-1} - s_2 S_{m-2} + \cdots + (-1)^{m-2} s_{m-1} S_1 + (-1)^{m-1} m s_m.$$

---

* は多少難解な問題を示す．

$$S_m = s_1 S_{m-1} - s_2 S_{m-2} + \cdots + (-1)^{n-1} s_n S_{m-n} \quad \begin{array}{l}(m=1,2,\cdots,n),\\ (m>n)\end{array}$$

なることを示せ．ここに $s_1, s_2, \cdots, s_n$ は $x_1, x_2, \cdots, x_n$ の基本対称式を表わす．

（注）　上の公式のことを**オイレル(Euler)の公式**とよぶ．

7. オイレルの公式を用いて $x_1, x_2, \cdots, x_n$ の対称式は
$$S_m = x_1^m + x_2^m + \cdots + x_n^m \quad (m=1,2,\cdots,n)$$
の整式として表わされることを証明せよ．

8. xyz を
$$S_m = x^m + y^m + z^m \quad (m=1,2,3)$$
の整式として表わせ．

9. $\alpha, \beta, \gamma, \delta$ を四次方程式
$$x^4 + ax^3 + bx^2 + cx + d = 0$$
の根とするとき，
$$\alpha^2 + \alpha, \quad \beta^2 + \beta, \quad \gamma^2 + \gamma, \quad \delta^2 + \delta$$
を根にもつ方程式の x^3 および x^2 の係数を求めよ．

10. n が自然数なるとき
$$(x+y+z)^{2n} - (y+z)^{2n} - (z+x)^{2n} - (x+y)^{2n} + x^{2n} + y^{2n} + z^{2n}$$
は
$$(x+y+z)^4 - (y+z)^4 - (z+x)^4 - (x+y)^4 + x^4 + y^4 + z^4 (=12xyz(x+y+z))$$
で割り切れることを証明せよ．

11. $(y-z)^5 + (z-x)^5 + (x-y)^5$ を因数に分解せよ．

12.
$$\frac{b-c}{a} + \frac{c-a}{b} + \frac{a-b}{c}$$
および
$$\frac{a}{b-c} + \frac{b}{c-a} + \frac{c}{a-b}$$
を通分して整理することにより次の事実を証明せよ：

$a+b+c=0$ なるとき
$$\left(\frac{b-c}{a} + \frac{c-a}{b} + \frac{a-b}{c} \right) \left(\frac{a}{b-c} + \frac{b}{c-a} + \frac{c}{a-b} \right) = 9.$$

第5章 三次方程式，四次方程式

§17. 三次方程式

二次方程式
$$ax^2+bx+c=0 \quad (a\neq 0)$$
の解が公式
$$\frac{-b\pm\sqrt{b^2-4ac}}{2a}$$
で与えられることは読者のすでに学んだ所である．

三次方程式，四次方程式の解法は近世数学史の初頭を飾る重要な話題であったが，本章においてこれらの解法について述べる．

与えられた三次方程式を

(17.1) $\qquad a_0 x^3+a_1 x^2+a_2 x+a_3=0 \quad (a_0\neq 0)$

とし，両辺を a_0 で割って

(17.2) $\qquad x^3+ax^2+bx+c=0$

の形の方程式が得られる．ここに

(17.3) $\qquad x=y-\dfrac{a}{3}$

とおけば，

(17.4) $\qquad y^3+py+q=0$
$$\left(p=-\frac{a^2}{3}+b,\quad q=\frac{2}{27}a^3-\frac{ab}{3}+c\right).$$

すなわち三次方程式 (17.2) を解くには2次の項のない (17.4) 式を解き，(17.3) によって $\dfrac{a}{3}$ を減ずればよい．

(17.4) 式の3根を y_1, y_2, y_3 とすれば
$$y^3+py+q=(y-y_1)(y-y_2)(y-y_3).$$

したがって，根と係数の関係により

§17. 三次方程式

(17.5) $\qquad y_1+y_2+y_3=0,$

(17.6) $\qquad y_1y_2+y_1y_3+y_2y_3=p,$

(17.7) $\qquad y_1y_2y_3=-q.$

ここで 1 の虚な立方根の一つを

$$\omega=\frac{-1+\sqrt{-3}}{2}$$

として

(17.8) $\qquad u=y_1+\omega y_2+\omega^2 y_3,$

(17.9) $\qquad v=y_1+\omega^2 y_2+\omega y_3$

とおく.

$$1+\omega+\omega^2=0$$

なる関係を用いて

$$(17.5)+(17.8)+(17.9),$$
$$(17.5)+\omega^2(17.8)+(17.9),$$
$$(17.5)+\omega(17.8)+\omega^2(17.9)$$

を計算して次の 3 式が得られる:

(17.10) $\qquad \begin{cases} y_1=\dfrac{1}{3}(u+v), \\[4pt] y_2=\dfrac{1}{3}(\omega^2 u+\omega v), \\[4pt] y_3=\dfrac{1}{3}(\omega u+\omega^2 v). \end{cases}$

以上から u, v を求めれば y_1, y_2, y_3 が得られることが分った.

u, v の作り方から

$$\begin{aligned}uv&=(y_1+\omega y_2+\omega^2 y_3)(y_1+\omega^2 y_2+\omega y_3)\\&=y_1{}^2+y_2{}^2+y_3{}^2+(\omega+\omega^2)y_1y_2+(\omega+\omega^2)y_1y_3+(\omega+\omega^2)y_2y_3\\&=y_1{}^2+y_2{}^2+y_3{}^2-y_1y_2-y_1y_3-y_2y_3\\&=(y_1+y_2+y_3)^2-3(y_1y_2+y_1y_3+y_2y_3)\\&=0-3p=-3p,\end{aligned}$$

すなわち
(17.11) $$uv = -3p.$$
また $y_1 = \frac{1}{3}(u+v)$ が (17.4) の根であることから
$$\left\{\frac{1}{3}(u+v)\right\}^3 + p\frac{1}{3}(u+v) + q = 0,$$
$$\frac{1}{27}\left\{u^3 + v^3 + 3(u+v)uv\right\} + \frac{p}{3}(u+v) + q = 0.$$
これに (17.11) を代入して
(17.12) $$u^3 + v^3 = -27q.$$
この式と (17.11) 式を3乗して得られる
$$u^3 v^3 = -27 p^3$$
から u^3, v^3 は
$$z^2 + 27qz - 27p^3 = 0$$
の2根として求めることができる．したがって
(17.13) $$u^3 = 27\left(\frac{-q}{2} + \frac{1}{2}\sqrt{q^2 + \frac{4}{27}p^3}\right) = A_0,$$
(17.14) $$v^3 = 27\left(\frac{-q}{2} - \frac{1}{2}\sqrt{q^2 + \frac{4}{27}p^3}\right) = B_0.$$

以上の結果を定理としてまとめる前に次の注意を与えておこう．

まず (17.13) の右辺の立方根を求めて u は
$$\sqrt[3]{A_0},\ \omega\sqrt[3]{A_0},\ \omega^2\sqrt[3]{A_0}$$
のいずれか一つであることがわかる．

つぎに v は (17.14) の右辺の立方根
$$\sqrt[3]{B_0},\ \omega\sqrt[3]{B_0},\ \omega^2\sqrt[3]{B_0}$$
のいずれかであるが，(12.11) を満たすようにえらばなければならないから，もし
$$\sqrt[3]{A_0}\sqrt[3]{B_0} = -3p$$
ならば u, v の組合せの可能性は

(17.15) $(\sqrt[3]{A_0},\ \sqrt[3]{B_0}),\ (\omega\sqrt[3]{A_0},\ \omega^2\sqrt[3]{B_0}),\ (\omega^2\sqrt[3]{A_0},\ \omega\sqrt[3]{B_0})$

の 3 通りである．この組合せのどれが実際の (u, v) であるかは不明であるが，たとえば

$$u = \omega\sqrt[3]{A_0}, \quad v = \omega^2\sqrt[3]{B_0}$$

であるとすれば，

$$\frac{1}{3}(u+v), \quad \frac{1}{3}(\omega u+\omega^2 v), \quad \frac{1}{3}(\omega^2 u+\omega v)$$

はそれぞれ

$$\frac{1}{3}(\omega\sqrt[3]{A_0}+\omega^2\sqrt[3]{B_0}), \quad \frac{1}{3}(\omega^2\sqrt[3]{A_0}+\omega\sqrt[3]{B_0}), \quad \frac{1}{3}(\sqrt[3]{A_0}+\sqrt[3]{B_0})$$

となる．すなわち

$$u = \sqrt[3]{A_0}, \quad v = \sqrt[3]{B_0}$$

であると仮定して (17.10) に代入したときの y_1, y_2, y_3 と順序を問題にしなければ全体として一致する．以上から

定理 17.1. 方程式

$$x^3 + ax^2 + bx + c = 0$$

を解くには，まず

$$x = y - \frac{a}{3}$$

とおき，

(17.16) $$y^3 + py + q = 0$$
$$\left(p = -\frac{a^2}{3}+b, \quad q = \frac{2}{27}a^3 - \frac{ab}{3}+c\right)$$

の形の方程式に変形する．つぎに

$$A = \frac{-q}{2} + \frac{1}{2}\sqrt{q^2 + \frac{4}{27}p^3},$$

$$B = \frac{-q}{2} - \frac{1}{2}\sqrt{q^2 + \frac{4}{27}p^3}$$

として A, B の立方根の中で

$$\sqrt[3]{A}\sqrt[3]{B} = -\frac{p}{3}$$

となるものをえらぶとき (17.16) の根は

$$\sqrt[3]{A}+\sqrt[3]{B},\ \omega\sqrt[3]{A}+\omega^2\sqrt[3]{B},\ \omega^2\sqrt[3]{A}+\omega\sqrt[3]{B}$$

によって与えられる.

この定理の中の A, B は説明の中で述べた A_0, B_0 の $\dfrac{1}{27}=\dfrac{1}{3^3}$ 倍に等しいことを注意しておこう.

上の公式のことを**カルダノ**(Cardano)**の公式**という.

例題 1. 次の方程式の根を求めよ:
$$x^3+x^2+x-3=0.$$

解. $x=y-\dfrac{1}{3}$ とおけば,
$$y^3+py+q=0.$$

ここに
$$p=-\dfrac{1}{3}+1=\dfrac{2}{3},$$
$$q=\dfrac{2}{27}-\dfrac{1}{3}-3=\dfrac{-88}{27}.$$

したがって, 定理に述べた A, B は
$$A=\dfrac{88}{2\times 27}+\dfrac{1}{2}\sqrt{\left(\dfrac{88}{27}\right)^2+\dfrac{4}{27}\left(\dfrac{2}{3}\right)^3}$$
$$=\dfrac{1}{27}(44+18\sqrt{6})$$

および
$$B=\dfrac{1}{27}(44-18\sqrt{6})$$

で与えられる. したがって y の 3 根は
$$\sqrt[3]{A}+\sqrt[3]{B},\ \omega\sqrt[3]{A}+\omega^2\sqrt[3]{B},\ \omega^2\sqrt[3]{A}+\omega\sqrt[3]{B}$$

で与えられ, x の値はこれらから $\dfrac{1}{3}$ を減ずればよい. ここに立方根は実数をとるものとしておけば

§17. 三次方程式

$$\sqrt[3]{A}\sqrt[3]{B} = \sqrt[3]{AB}$$
$$= \sqrt[3]{\frac{1}{27^2}(44^2-18^2\times 6)} = -\frac{2}{9} = -\frac{p}{3}$$

であるから，定理に述べた条件に適している． (終)

実はこの問題のより簡単な解は $1, -1\pm\sqrt{-2}$ で，たとえば

$$1 = \sqrt[3]{\frac{1}{27}(44+18\sqrt{6})} + \sqrt[3]{\frac{1}{27}(44-18\sqrt{6})} - \frac{1}{3}$$

である．

事実

$$44+18\sqrt{6} = (2+\sqrt{6})^3, \quad 44-18\sqrt{6} = (2-\sqrt{6})^3$$

であるから，上の等式が成立する．

カルダノの公式はどのような三次方程式にも適用できる公式であるが，方程式によってはこの公式よりも簡単な解が得られることがあることは上の例に示されたとおりである．

例題 2. カルダノの公式の他の導き方を次にあげよう．

簡単のため2乗の項のない三次方程式を

(17.17) $$y^3 + 3py + q = 0$$

とする．

前の記号によれば (17.10)，(17.11) から

$$y_1 = \frac{1}{3}(u+v) = \frac{1}{3}u - \frac{p}{u}$$

となることからヒントを得て

(17.18) $$y = \alpha - \frac{p}{\alpha}$$

とおく．ここに p の意味は (17.17) 式で与えられたものとする．(17.18) を前式に代入して

$$\alpha^3 - \frac{p^3}{\alpha^3} + q = 0.$$

すなわち α^3 に関する二次方程式

が得られる．これを解いて前と同じ公式

$$(\alpha^3)^2 + q\alpha^3 - p^3 = 0$$

$$\alpha^3 = \frac{1}{2}(-q \pm \sqrt{q^2 + 4p^3})$$

が得られる．

$$-\frac{p}{\alpha} = \beta$$

とおけば，

$$\beta^3 = \frac{1}{2}(-q \mp \sqrt{q^2 + 4p^3}),$$

$$\alpha\beta = -p,$$

$$y = \alpha + \beta.$$

などの関係からちょうど前に得られた結果と一致することが容易にわかる．

問 1. $x^3 + x^2 + x + 1 = 0$ の根をカルダノの公式により求めよ．

問 2. $x^3 - 3x^2 + 7x - 5 = 0$ の根をカルダノの方法により求めよ．

§18. 四次方程式

与えられた四次方程式

(18.1) $\qquad a_0 x^4 + a_1 x^3 + a_2 x^2 + a_3 x + a_4 = 0$

を解くためにまずこの両辺を a_0 で割って

(18.2) $\qquad x^4 + ax^3 + bx^2 + cx + d = 0$

の形に変形する．次に $x = y - \dfrac{a}{4}$ とおけば x を求めることは y に関する次の四次方程式を解くことに帰せられた：

(18.3) $\qquad y^4 + py^2 + qy + r = 0$

$$\left(p = b - \frac{3}{8}a^2, \quad q = c - \frac{ab}{2} + \frac{a^3}{8}, \quad r = d - \frac{ac}{4} + \frac{a^2 b}{16} - \frac{3}{256}a^4 \right).$$

これから

$$y^4 = -py^2 - qy - r$$

§18. 四次方程式

両辺に $zy^2+\dfrac{z^2}{4}$ を加えて

(18.4) $$\left(y^2+\frac{z}{2}\right)^2=(z-p)y^2-qy+\left(\frac{z^2}{4}-r\right).$$

この右辺も y に関して完全平方であるように z をえらぶ. そのためには

$$q^2-4(z-p)\left(\frac{z^2}{4}-r\right)=0$$

あるいは

(18.5) $$z^3-pz^2-4rz+(4pr-q^2)=0$$

を満足するように z をとればよい.

このとき (18.4) の右辺の根は

$$\frac{q}{2(z-p)}$$

であるから,

(18.6) $$\left(y^2+\frac{z}{2}\right)^2=(z-p)\left(y-\frac{q}{2(z-p)}\right)^2.$$

したがって,

(18.7) $$y^2=-\frac{z}{2}\pm\sqrt{z-p}\left(y-\frac{q}{2(z-p)}\right).$$

これで四つの根が求められた. 以上の結果を定理として述べておく.

定理 18.1. 四次方程式

$$y^4+py^2+qy+r=0$$

を解くには, まず

$$z^3-pz^2-4rz+(4pr-q^2)=0$$

の一根 z を求め次の公式による:

$$y^2=-\frac{z}{2}\pm\sqrt{z-p}\left(y-\frac{q}{2(z-p)}\right).$$

この公式のことを**フェラリ(Ferrari)の公式**といい, z に関する補助の三次方程式をはじめの四次方程式の**分解方程式**とよぶ.

例題 1. 次の四次方程式の根を求めよ:

$$x^4-8x^2-8x+15=0.$$

解． まず分解方程式を求めれば

(18.8) $$z^3+8z^2-60z-544=0.$$

この方程式の根の一つは $z=8$ である．したがって

$$x^2=-\frac{8}{2}\pm\sqrt{8-(-8)}\left(x-\frac{(-8)}{2(-(-8))}\right)$$
$$=-4\pm 4\left(x+\frac{1}{4}\right).$$

これを解いて

$$x=1,\ 3,\ -2\pm i$$

なる四つの根を得る． (終)

上の証明の途中で (18.8) の解 8 を得たのは次の定理による．

定理 18.2. 方程式

$$x^n+a_1x^{n-1}+a_2x^{n-2}+\cdots+a_n=0$$

の係数が整数であるとき，整根 a をもつならば a は a_n の約数である．

証明． a が根であるから

$$a^n+a_1a^{n-1}+a_2a^{n-2}+\cdots+a_n=0,$$
$$a_n=-a(a^{n-1}+a_1a^{n-2}+\cdots+a_{n-1}).$$

すなわち a は a_n の約数である． (終)

(18.8) 式においては定数項は

$$-544=-2^5\cdot 17$$

であるからその約数を一つずつしらべて 8 が根であることがわかる．

 求める四次方程式の根の中の二つ 1, 3 もこの方法で求められるわけであるが，ここではフェラリの方法の例題としての解を述べた．

問 1. 与えられた四次方程式が $\pm ai, \pm bi$ (a, b は整数) なる四根をもてばその分解方程式は整根 a^2+b^2 をもつことを示せ．

問 2. $x^4-2x^3+14x^2+6x-51=0$ の分解方程式は $\dfrac{27}{2}$ を根にもつことを示し，この方程式の四根を求めよ．((注) $\dfrac{27}{2}$ の求め方については次章例題参照)．

問題 5

1. 次の方程式の根から定数を増すかまたは減じて x^2 の項をなくせよ：
 (1) $x^3+5x^2-5x-57=0$,
 (2) $x^3-6x^2-7x+28=0$,
 (3) $x^3-8x^2+5x-15=0$.

2. 次の方程式の根から定数を増すかまたは減じて x^3 の項をなくせよ：
 (1) $x^4-6x^3+9x^2-14x+3=0$,
 (2) $x^4-7x^3+8x^2-7x+10=0$,
 (3) $x^4+8x^3-7x^2+10x-3=0$.

3. 次の三次方程式の根を求めよ：
 (1) $x^3-5x-4=0$,
 (2) $x^3-39x+92=0$,
 (3) $x^3-7x^2-59x+213=0$.
 ((注) 方程式 (3) は整根をもつことを用いよ)．

4. 方程式 $x^3+px+q=0$ が等根をもてば，$D=-4p^3-27q^2=0$ となることを，判別式の性質を用いないで直接証明せよ．

5. 方程式 $x^3+px+q=0$ の根が等差級数をなすとき，$q=0$ なることを証明せよ．

6. 次の方程式の根を求めよ：
 (1) $x^4-8x^3+8x^2+76x-221=0$,
 (2) $x^4-7x^3+27x^2-47x+26=0$,
 (3) $x^4-4x^3-x^2+10x+6=0$.
 ただし (2) は整数根をもつことが知られているものとする．

第6章 代 数 方 程 式

§19. 特殊な方程式

前章において三次方程式および四次方程式について詳述した．五次方程式以上の高次の方程式の解は一般には加減乗除およびベキ根の計算だけでは求められないことが知られている．したがって特殊の場合に特殊の方法によってこれを解くこと，根の近似的な値を求めることなどが次の問題になる．

係数が整数であるような代数の整根を求めるには前に述べたように前章の定理 18.2 を用いることができる．

例題 1. $x^3+2x^2-8x-21=0$ の整根を求めよ．

解. $21=3\cdot 7$ の因数は ± 1, ± 3, ± 7, ± 21 の 8 個であるからこれらを代入して根になるものを求め $x=3$ を得る．

定理 19.1. 方程式
$$x^n+a_1x^{n-1}+a_2x^{n-2}+\cdots+a_n=0$$
の係数がすべて整数であれば，この方程式の有理数の根はすべて整数である．

証明. $x=\dfrac{a}{b}$ (a,b は互いに素な整数) が与えられた方程式の根であるとすれば，
$$\left(\frac{a}{b}\right)^n+a_1\left(\frac{a}{b}\right)^{n-1}+\cdots+a_n=0,$$
$$a^n+a_1a^{n-1}b+a_2a^{n-2}b^2+\cdots+a_nb^n=0,$$
$$a^n=-b(a_1a^{n-1}+\cdots+a_nb^{n-1}).$$

すなわち b は a^n の約数であるから，$b=\pm 1$ でなければ，a,b が共通因数をもつことになって矛盾を生ずる．したがって
$$x=\pm a$$
となって x が整数であることが示された．

定理 19.2. $a_0, a_1, \cdots, a_n$ を整数とするとき，
$$a_0x^n+a_1x^{n-1}+\cdots+a_n=0$$

§19. 特殊な方程式

の有理数の根 x は

$$\frac{a}{a_0} \quad (a \text{ は整数})$$

の形をもつ.

証明. 与えられた方程式に $a_0{}^{n-1}$ を乗じて

$$(a_0 x)^n + a_1(a_0 x)^{n-1} + a_0 a_1 (a_0 x)^{n-2} + \cdots + a_n a_0{}^{n-1} = 0$$

と変形すれば, これは $a_0 x$ を根にもつ方程式と考えることができる. したがって前定理により $a_0 x = a$ は整数であるから定理が成り立つ. (終)

例題 2. $x^4 - 2x^3 + 14x^2 + 6x - 51 = 0$ の分解方程式の有理根を求めよ. (前章 §18 問 2 参照).

解. $x = y + \dfrac{1}{2}$ とおけば,

$$y^4 + py^2 + qy + r = 0$$

$$\left(p = \frac{25}{2}, \quad q = 19, \quad r = -\frac{715}{16}\right).$$

したがって分解方程式をその定義により計算すれば

$$z^3 - \frac{25}{2} z^2 + \frac{715}{4} z - \frac{20763}{8} = 0.$$

両辺に 8 を乗じて

$$(2z)^3 - 25(2z)^2 + 715(2z) - 20763 = 0.$$

z が有理数であれば $2z$ ももちろん有理数であり, 前定理により $2z$ は整数である. また前章定理 18.2 により $2z$ は $20763 = 3 \cdot 9 \cdot 769$ の約数である. 実際あらゆる約数を代入して $3 \cdot 9 = 27$ が根であることがわかるから, $2z = 27$,

$z = \dfrac{27}{2}$. (終)

次に方程式

(19.1) $\quad a_0 x^n + a_1 x^{n-1} + \cdots + a_{n-1} x + a^n = 0$

$$(a_0 \neq 0, \ a_n \neq 0)$$

の根を $\alpha_1, \alpha_2, \cdots, \alpha_n$ とするとき, 方程式

(19.2) $\quad a_n x^n + a_{n-1} x^{n-1} + \cdots + a_1 x + a_0 = 0$

を書き直せば，

$$a_n + a_{n-1}\frac{1}{x} + a_{n-2}\frac{1}{x^2} + \cdots + a_0\frac{1}{x^n} = 0.$$

これは初めの方程式において x の代りに $\frac{1}{x}$ とおいた式であるから，

$$\frac{1}{x} = \alpha_i.$$

すなわち

$$x = \frac{1}{\alpha_i}.$$

方程式 (19.2) のことを (19.1) の **逆数方程式** とよぶ．上の結果を定理として述べれば：

定理 19.3. 逆数方程式の根は初めの方程式の根の逆数である．

逆数方程式と初めの方程式の係数が比例するとき，初めの方程式のことを **相反方程式** とよぶ．したがって方程式 (19.1) が相反方程式であるための条件は

(19.3) $$\frac{a_0}{a_n} = \frac{a_1}{a_{n-1}} = \frac{a_2}{a_{n-2}} = \cdots = \frac{a_n}{a_0}$$

である．

式 (19.3) において比例定数は 1 または -1 である．何となれば最初の項と最後の項が等しいことから

$$\frac{a_0}{a_n} = \frac{a_n}{a_0},$$

$$a_0^2 = a_n^2,$$

$$a_0 = \pm a_n$$

なる関係が得られるからである．

相反方程式の根を求めるのに，次の四つの場合に分けて考えよう：

A．n が偶数で $a_0 = a_n$ の場合，

B．n が奇数で $a_0 = a_n$ の場合，

C．n が偶数で $a_0 = -a_n$ の場合，

D．n が奇数で $a_0 = -a_n$ の場合．

§19. 特殊な方程式

まずAの場合について述べよう.

$n=2m$ とおけば与えられた方程式は

$$a_0 x^{2m} + a_1 x^{2m-1} + \cdots + a_1 x + a_0 = 0.$$

これを x^m で割って書き直せば,

$$a_0\left(x^m + \frac{1}{x^m}\right) + a_1\left(x^{m-1} + \frac{1}{x^{m-1}}\right) + \cdots$$
$$+ a_{m-1}\left(x + \frac{1}{x}\right) + a_m = 0.$$

ここで

$$x + \frac{1}{x} = y$$

とおけば,

$$x^i + \frac{1}{x^i} \quad (i=1, 2, \cdots, m)$$

は x と $\dfrac{1}{x}$ の対称式であるから, 基本対称式

$$x + \frac{1}{x} = y, \quad x \cdot \frac{1}{x} = 1$$

の i 次の整式として表わされることから与えられた相反方程式は y の m 次の方程式となる. その根を $y_1, y_2, \cdots, y_m$ とおくとき, x は

$$x + \frac{1}{x} = y_i$$

すなわち

$$x^2 - y_i x + 1 = 0 \quad (i=1, 2, \cdots, m)$$

を解いて求めることができる. i が小さいとき

$$x^i + \frac{1}{x^i}$$

を y の整式として表わした実際の形は

$$\left| x^2 + \frac{1}{x^2} = y^2 - 2, \right.$$

(19.4)
$$\begin{cases} x^3 + \dfrac{1}{x^3} = y^3 - 3y, \\ x^4 + \dfrac{1}{x^4} = y^4 - 4y^2 + 2. \end{cases}$$

例題 3. $x^6 - 2x^5 + x^4 - x^3 + x^2 - 2x + 1 = 0$ を解け．

解． 与えられた方程式を変形して
$$\left(x^3 + \frac{1}{x^3}\right) - 2\left(x^2 + \frac{1}{x^2}\right) + \left(x + \frac{1}{x}\right) - 1 = 0.$$

$x + \dfrac{1}{x} = y$ とおけば (19.3) により
$$y^3 - 2y^2 - 2y - 3 = 0.$$
この方程式が $y=3$ を根にもつことは容易に分るから左辺を因数分解して
$$(y-3)(y^2 + y + 1) = 0.$$
ゆえに y の三つの根として
$$y_1 = 3, \quad y_2 = \frac{1}{2}(-1 + \sqrt{-3}), \quad y_3 = \frac{1}{2}(-1 - \sqrt{-3})$$
が得られる．$y_2 = \omega,\ y_3 = \omega^2$ は 1 の虚な立方根である．
$$x^2 - y_i x + 1 = 0 \quad (i = 1, 2, 3)$$
を解くことにより求める根は
$$x = \frac{1}{2}(3 \pm \sqrt{5}),\quad \frac{1}{2}(-\omega \pm \sqrt{\omega^2 - 4}),\quad \frac{1}{2}(\omega^2 \pm \sqrt{\omega - 4})$$
の 6 個である．

次に B の場合を論ずる．

$n = 2m+1$ として与えられた方程式から
$$a_0(x^{2m+1} + 1) + a_1 x(x^{2m-1} + 1) + \cdots + a_m x^m(x+1) = 0.$$
したがって $x = -1$ を根とすることおよび
(19.5) $$(x+1)(b_0 x^{2m} + b_1 x^{2m-1} + \cdots + b_{2m}) = 0$$
の形に因数分解されることが分る．

係数比較によって

§19. 特殊な方程式

$$b_i + b_{i-1} = a_i \quad (i=1, 2, \cdots, 2m)$$

および

$$b_0 = a_0, \ b_{2m} = a_{2m+1} = a_0$$

が得られる．

仮定により $a_i = a_{2m+1-i}$ であるから

$$b_i + b_{i-1} = a_i,$$

$$b_{2m+1-i} + b_{2m-i} = a_{2m+1-i}$$

なる関係により $b_i = b_{2m-i}$ が帰納法により証明される．したがって (19.5) 式の第二の因数の部分の根はA型の相反方程式の根を求める場合に帰着された．

例題 4． $x^5 + 3x^4 + 4x^3 + 4x^2 + 3x + 1 = 0$ を解け．

解． 上に述べたことから $x+1$ なる因数をくり出し

$$(x+1)(x^4 + 2x^3 + 2x^2 + 2x + 1) = 0.$$

$x + \dfrac{1}{x} = y$ とおいて

$$x^2 + 2x + 2 + 2\frac{1}{x} + \frac{1}{x^2}$$

$$= \left(x^2 + \frac{1}{x^2}\right) + 2\left(x + \frac{1}{x}\right) + 2$$

$$= (y^2 - 2) + 2y + 2 = y^2 + 2y = 0.$$

ゆえに $y_1 = 0, \ y_2 = -2$．

$$x^2 - y_i x + 1 = 0 \quad (i = 1, 2)$$

を解いて

$$x = \pm i, \ -1, \ -1.$$

すなわち $x = -1$ （三重根），$\pm i$ が求める解である． （終）

Cの場合．与えられた方程式

$$a_0 x^{2m} + a_1 x^{2m-1} + \cdots - a_1 x - a_0 = 0$$

が $x = \pm 1$ を根にもつことは容易に分り，これを書きかえた

$$(x^2 - 1)(b_0 x^{2m-2} + b_1 x^{2m-3} + \cdots + b_{2m}) = 0$$

の第二因数がAの場合の形であることが証明される．

Dの場合．与えられた式は $x-1$ およびA型の式の積となる．

問 1. 次の方程式の絶対値1以下の有理根を求めよ：
 (1) $3x^3+10x^2-7x-10=0$,
 (2) $25x^4+20x^3+23x^2-74x+24=0$.

問 2. 次の相反方程式の根を求めよ：
 (1) $x^6+3x^5-2x^4-x^3-2x^2+3x+1=0$,
 (2) $x^5-5x^4-x^3-x^2-5x+1=0$,
 (3) $x^6+3x^5-2x^4+2x^2-3x-1=0$,
 (4) $x^5-4x^4+3x^3-3x^2+4x-1=0$.

§20. 方程式の変換

変数 x に関する方程式
$$f(x)=a_0x^n+a_1x^{n-1}+\cdots+a_{n-1}x+a_n=0$$
の根を $\alpha_1,\alpha_2,\cdots,\alpha_n$ とするとき，α_i とある関係のある根をもつ方程式をつくることを**方程式の変換**という．これについて二三の場合を述べる．

$1°$. $\dfrac{1}{\alpha_1},\dfrac{1}{\alpha_2},\cdots,\dfrac{1}{\alpha_n}$ を根にもつ方程式についてはすでに述べた．

$2°$. $-\alpha_1,-\alpha_2,\cdots,-\alpha_n$ を根にもつ方程式をつくること．
$$f(x)=a_0(x-\alpha_1)(x-\alpha_2)\cdots(x-\alpha_n)$$
であるから，求める方程式は
$$(x+\alpha_1)(x+\alpha_2)\cdots(x+\alpha_n)=0.$$
あるいは
$$\pm a_0(-x-\alpha_1)(-x-\alpha_2)\cdots(-x-\alpha_n)=0$$
と書きなおして
$$(-1)^nf(-x)=a_0x^n-a_1x^{n-1}+a_2x^{n-2}-+\cdots+(-1)^na_n=0$$
が求める方程式である．

$3°$. $k\alpha_1,k\alpha_2,\cdots,k\alpha_n$ $(k\neq 0)$ を根にもつ方程式は
$$(x-k\alpha_1)(x-k\alpha_2)\cdots(x-k\alpha_n)=0.$$
あるいはこれを展開して根と係数の関係により

$$a_0x^n + a_1kx^{n-1} + a_2k^2x^{n-2} + \cdots + a_nk^n = 0$$

が求める方程式である.

4°. $\alpha_1-k, \alpha_2-k, \cdots, \alpha_n-k$ を根にもつ方程式は

$$a_0\{x-(\alpha_1-k)\}\{x-(\alpha_2-k)\}\cdots\{x-(\alpha_n-k)\} = 0.$$

すなわち $f(x+k)=0$ が求める方程式である.あるいは $x-k=y$, いいかえれば $x=y+k$ を $f(x)=0$ に代入して得られる y に関する方程式 $f(y+k)=0$ をつくることによっても同じ結果に到達する.

$$f(y+k) = b_0y^n + b_1y^{n-1} + \cdots + b_n$$

の係数 $b_0, b_1, \cdots, b_n$ を実際に求める計算法を次に述べよう.

上式において $y=x-k$ を代入して

(20.1) $\qquad f(x) = b_0(x-k)^n + b_1(x-k)^{n-1} + \cdots + b_n.$

$x=k$ とおけば

$$f(k) = b_n$$

であるから, b_n は組立除法により求めることができる.この際,計算

a_0	a_1	$a_2 \cdots a_{n-1}$	a_n	$\underline{|k}$
	c_0k	$c_1k \cdots c_{n-2}k$	$c_{n-1}k$	
c_0	c_1	$c_2 \cdots c_{n-1}$	$f(k)$	

において $c_0, c_1, \cdots, c_{n-1}$ は

$$f(x) = q(x)(x-k) + b_n$$

なる $q(x)$ ($f(x)$ を $(x-k)$ で割った商) の係数に等しい.一方

$$f(x) = \{b_0(x-k)^{n-1} + \cdots + b_{n-1}\}(x-k) + b_n$$

であるから,

$$q(x) = b_0(x-k)^{n-1} + \cdots + b_{n-1},$$
$$q(k) = b_{n-1}.$$

すなわち b_{n-1} は $q(x)$ からもう一度組立除法をくり返えすことによって求めることができる.以下同様にして $b_{n-2}, b_{n-3}, \cdots$ を計算することができる.

例題 1. 方程式

$$f(x) = 5x^4 + 3x^3 - 4x^2 - 2x + 3 = 0$$

の根よりも3だけ少ない根をもつ方程式をつくれ.

```
    5    3   -4   -2    3  |3
         15   54  150  444
    ─────────────────────
    5   18   50  148 |447
         15   99  447
    ─────────────────
    5   33  149 |595
         15  144
    ─────────────
    5   48 |293
         15
    ─────────
    5 | 63
```

すなわち
$$5x^4+63x^3+293x^2+595x+447=0$$
が求める方程式である.

これと同時に
$$f(x)=5(x-3)^4+63(x-3)^3+293(x-3)^2+595(x-3)+447$$
なる関係が得られていることもいままでに述べたことから明らかである.

問 1. 次の方程式の根を $\alpha_i\ (i=1,2,3)$ とするとき $2\alpha_i-3$ を根とする方程式を求めよ:
$$2x^3-3x^2+4x+5=0.$$

問 2. 次の方程式の根を $\alpha_1,\alpha_2,\alpha_3,\alpha_4$ とするとき $3\alpha_i+2$ を根とする方程式を求めよ:
$$x^4-3x^2+x-6=0.$$

§21. 重根の求め方

上の §19 において方程式の特殊な根の求め方について述べた. 方程式に重根があることをあらかじめ知ることができれば解法は容易になる. 本節においてはこれについて述べる.

$f(x)=a_0x^n+a_1x^{n-1}+\cdots+a_n$ を $x-\alpha$ で割って
$$f(x)=(b_0x^{n-1}+\cdots+b_{n-1})(x-\alpha)+f(\alpha)$$
$$=q(x)(x-\alpha)+f(\alpha).$$

$x=\alpha$ が $f(x)$ の重根であればまず $f(\alpha)=0$ でなければならない. さらに $f(x)$ が $(x-\alpha)^2$ で割り切れなければならないから $q(x)$ が $x-\alpha$ で割れるこ

と，いいかえれば
$$q(\alpha)=b_0\alpha^{n-1}+\cdots+b_{n-1}=0$$
が成立する．一方 $f(x)$ の二つの表わし方の係数比較から
$$a_0=b_0,$$
$$a_1=b_1-b_0\alpha,$$
$$a_2=b_2-b_1\alpha,$$
$$\cdots\cdots\cdots\cdots,$$
$$a_{n-1}=b_{n-1}-b_{n-2}\alpha,$$
$$a_n=-b_{n-1}\alpha.$$
したがって
$$b_0=a_0,\ b_1=a_0\alpha+a_1,\ b_2=a_0\alpha^2+a_1\alpha+a_2,\ \cdots$$
$$\begin{aligned}q(\alpha)&=a_0\alpha^{n-1}+(a_0\alpha+a_1)\alpha^{n-2}\\&\quad+(a_0\alpha^2+a_1\alpha+a_2)\alpha^{n-3}+\cdots\\&\quad+(a_0\alpha^{n-1}+a_1\alpha^{n-2}+\cdots+a_n)\\&=na_0\alpha^{n-1}+(n-1)a_1\alpha^{n-2}+\cdots+a_n.\end{aligned}$$
すなわち次の定理が証明された．

定理 21.1. $f(x)=a_0x^n+a_1x^{n-1}+\cdots+a_n$ が α を重根にもつ条件は $f(\alpha)=0$ および
$$na_0\alpha^{n-1}+(n-1)a_1\alpha^{n-2}+(n-2)a_2\alpha^{n-3}+\cdots+a_n=0$$
の二つが成り立つことである．

微分学においてよく知られているように，
(21.1) $$na_0x^{n-1}+(n-1)a_1x^{n-2}+\cdots+a_{n-1}$$
のことを $f(x)$ の**導函数**と呼び $f'(x)$ と表わす．したがって定理 21.1 をいいかえて

定理 21.2. 整式 $f(x)$ が α を重根にもつための条件は $f(\alpha)=0$, $f'(\alpha)=0$ が成立することである．

この定理によって，$f(x)$ の重根を求めるには，$f(x)$, $f'(x)$ の最大公約数 $d(x)$ を計算してその根を求めればよい．

次に上記の定理をもう少し精密にして見よう．そのためにまず微分学でよく知られた公式

(21.2) $$(f(x)g(x))' = f'(x)g(x) + f(x)g'(x)$$

を $f(x), g(x)$ が整式の場合に形式的に証明してみる．

$$(f_1(x) + f_2(x))' = f_1'(x) + f_2'(x),$$
$$\{cf(x)\}' = cf'(x)$$

は導函数の定義式 (21.1) から明らかである．したがって，

$$f(x) = \sum_{i=0}^{n} a_i x^i, \quad g(x) = \sum_{j=0}^{m} b_j x^j$$

とおくとき

$$(f(x)g(x))' = (\sum a_i b_j x^{i+j})' = \sum_{i,j} a_i b_j (i+j) x^{i+j-1}$$

一方 (21.2) 式の右辺は

$$(\sum a_i i x^{i-1})(\sum b_j x^j) + (\sum a_i x^i)(\sum b_j j x^{j-1})$$
$$= \sum a_i b_j (i+j) x^{i+j-1}$$

であるから，ちょうど (21.2) 式の左辺と一致する．

これで等式 (21.2) が証明された．

上式によって k が自然数であるとき

(21.3) $$\{(x-\alpha)^k\}' = k(x-\alpha)^{k-1}$$

が成り立つことが k に関する帰納法により証明される．

$f'(x)$ の導函数を $f''(x)$ で表わしこれを**第二次導函数**とよび，以下同じようにして $f'''(x), f^{(4)}(x)$ などの**高次の導函数**を定義することは微分学の場合と同じである．ここで目的の結果はつぎのように述べることができる．

定理 21.3. 整式 $f(x)$ が重複度 k の重根 α をもつために必要かつ十分な条件は

$$f(\alpha) = f'(\alpha) = \cdots = f^{(k-1)}(\alpha) = 0$$

が成り立つことである．

証明． $f(x)$ が α を重複度 k の重根にもつならば，

§21. 重根の求め方

$$f(x)=(x-\alpha)^k g(x).$$

この両辺の導函数を求めて (21.2), (21.3) 式により

$$f'(x)=k(x-\alpha)^{k-1}g(x)+(x-\alpha)^k g'(x)$$
$$=(x-\alpha)^{k-1}\{kg(x)+(x-\alpha)g'(x)\}.$$

すなわち $k>1$ とすれば $f'(x)$ は α をちょうど $k-1$ 重根にもっていることがわかる．同じようにして $f''(x)$ は α を $k-2$ 重根にもち，$f^{(k-1)}(x)$ は α を $k-(k-1)=1$ 重根，いいかえれば単根にもち，$f^{(k)}(x)$ は α を根にもたない．これで定理が証明された．　　　　　　　　　　　　　　（終）

上の定理の証明の途中から

定理 21.4. 整式 $f(x)$ が重複度 k の重根 α をもつための必要かつ十分な条件は $f(x), f'(x)$ の最大公約数が α を $k-1$ に重根にもつことである．

例題 1. 次の方程式の重根を求めよ：

$$f(x)=x^5-2x^4+x^3-x^2+2x-1=0.$$

解． $f(x)$ の導函数 $f'(x)$ は

$$f'(x)=5x^4-8x^3+3x^2-2x+2.$$

これと $f(x)$ の最大公約数 $d(x)$ をユークリッドの互除法によって求めれば

$$d(x)=(x-1)^2$$

である．したがって，$x=1$ が $f(x)$ の3重根である．　　　　（終）

この例題の方程式は相反方程式であるから前節の方法によっても根を求めることができる．

次に高次の導函数を用いて $f(x)$ の $x-\alpha$ のベキ級数への展開式 (20.1) の他の意味を考えてみよう．

$f(x)$ は n 次の整式

$$f(x)=a_0 x^n+a_1 x^{n-1}+\cdots+a_n$$

であるとする．二項定理によれば $k \leqq n$ のとき，

$$x^k=\{(x-\alpha)+\alpha\}^k$$
$$=\alpha^k+\frac{k}{1!}\alpha^{k-1}(x-\alpha)+\frac{k(k-1)}{2!}\alpha^{k-2}(x-\alpha)^2$$

$$\cdots + \frac{k!}{k!}(x-\alpha)^k$$

したがって，
$$f(x) = a_0 x^n + a_1 x^{n-1} + \cdots + a_n$$
$$= (a_0 \alpha^n + a_1 \alpha^{n-1} + \cdots + a_n)$$
$$+ \frac{1}{1!}\{a_0 n \alpha^{n-1} + a_1(n-1)\alpha^{n-2} + \cdots + a_{n-1}\}(x-\alpha)$$
$$+ \frac{1}{2!}\{a_0 n(n-1)\alpha^{n-2} + a_1(n-1)(n-2)\alpha^{n-3} + \cdots + 2 \cdot 1 a_{n-2}\}(x-\alpha)^2$$
$$+ \cdots\cdots\cdots\cdots$$
$$= f(\alpha) + \frac{f'(\alpha)}{1!}(x-\alpha) + \frac{f''(\alpha)}{2!}(x-\alpha)^2 + \cdots + \frac{f^{(n)}(\alpha)}{n!}(x-\alpha)^n.$$

すなわち $f(x)$ が n 次の整式であるとき，

(21.4) $f(x)$
$$= f(\alpha) + \frac{f'(\alpha)}{1!}(x-\alpha) + \frac{f''(\alpha)}{2!}(x-\alpha)^2 + \cdots + \frac{f^{(n)}(\alpha)}{n!}(x-\alpha)^n.$$

この式を $x=\alpha$ のまわりにおける**テイラー**(Taylor)**展開**という．微分学で知られているように，整式でない函数についてもテイラーの定理が成立するのであるが，ここでは整式の場合に極限の計算を用いないで導けることを示した．

テイラー展開によれば定理 21.3 はほとんど明らかであろう．すなわち
$$f(\alpha) = f'(\alpha) = \cdots = f^{(k-1)}(\alpha) = 0$$
であれば，
$$f(x) = f(\alpha) + \frac{f'(\alpha)}{1!}(x-\alpha) + \frac{f''(\alpha)}{2!}(x-\alpha)^2 + \cdots + \frac{f^{(n)}(\alpha)}{n!}(x-\alpha)^n$$
の右辺が $(x-\alpha)^k$ で割り切れる．またこの逆の成立することも明らかである．

問 1. 次の方程式の重根を求めよ：
$$x^5 + 6x^4 + 2x^3 - 36x^2 - 27x + 24.$$

問 2. $x^4 - 2x^3 + 5x^2 + 4$ を $x=2$ のまわりに展開せよ．

§22. 実係数の方程式

本節では $f(x)$ は主として実係数の整式を表わすものとしてその性質について論ずる.

定理 22.1. 実係数の方程式
$$f(x)=a_0x^n+a_1x^{n-1}+\cdots+a_n=0$$
が $\alpha=a+bi$ なる複素数を根にもてば，その共役複素数 $\overline{\alpha}=a-bi$ も $f(x)=0$ の根である.

証明. $f(x)$ に $x=\alpha$ を代入した値は
$$\begin{aligned}f(\alpha)&=a_0(a+bi)^n+a_1(a+bi)^{n-1}+\cdots\\&=a_0\left\{a^n+\binom{n}{1}a^{n-1}bi-\binom{n}{2}a^{n-2}b^2+\cdots\right\}\\&\quad+a_1\left\{a^{n-1}+\binom{n-1}{1}a^{n-2}bi-\binom{n-1}{2}a^{n-3}b^2+\cdots\right\}\\&\quad+\cdots.\end{aligned}$$

これは仮定によって0に等しい. 同じように $f(\overline{\alpha})$ を求めるには上の $f(\alpha)$ の展開の計算において i の代りに $-i$ を代入することにより
$$\begin{aligned}f(\overline{\alpha})&=a_0(a-bi)^n+a_1(a-bi)^{n-1}+\cdots\\&=a_0\left\{a^n-\binom{n}{1}a^{n-1}bi-\binom{n}{2}a^{n-2}b^2+\cdots\right\}\\&\quad+a_1\left\{a^{n-1}-\binom{n-1}{1}a^{n-2}bi-\binom{n-1}{2}a^{n-3}b^2+\cdots\right\}\\&\quad+\cdots.\end{aligned}$$

すなわち $f(\alpha)=P+Qi$ および $f(\overline{\alpha})=P-Qi$ は共役複素数である. $f(\alpha)=0$ であるから $P=Q=0$, したがって $f(\overline{\alpha})=0$ であるから $\overline{\alpha}$ は $f(x)=0$ の根である. (終)

$\alpha=a+bi$ $(b\neq 0)$ が $f(x)=0$ の根であれば $\overline{\alpha}$ も根であることから $f(x)$ は
$$(x-\alpha)(x-\overline{\alpha})=(x-a)^2+b^2$$
で割り切れることが分る.

例題 1. $x^4+2x^3-2x^2+18x+5=0$ の複素根を求めよ.

解. 今かりに $a+bi$ が根であると仮定すれば上の定理により $a-bi$ も根である. $b \neq 0$ であれば与えられた方程式の左辺は
$$(x-a)^2+b^2$$
で割り切れる. その商を
$$x^2+c_1x+c_2$$
とおけば,
$$(x^2+c_1x+c_2)\{(x-a)^2+b^2\}$$
$$=x^4+2x^3-2x^2+18x+5.$$

いま試みに a, b, c_1, c_2 が整数であるものとすれば,
$$c_2(a^2+b^2)=5$$
であるから, a^2+b^2 のとり得る値は 1 または 5, したがって $\alpha=a+bi$ のとり得る値は (a, b, c_1, c_2 が整数であるという制限のもとでは)
$$\alpha=\pm 1,\ \pm i,\ \pm 1\pm 2i,\ \pm 2\pm i$$
である. これらを代入して検することにより
$$1+2i,\ 1-2i$$
が実際に根であり
$$x^4+2x^3-2x^2+18x+5$$
$$=(x-1-2i)(x-1+2i)(x^2+c_1x+c_2)$$
$$=(x^2-2x+5)(x^2+4x+1)$$
であること, および上にあげた根の他の根は
$$-2+\sqrt{3},\ -2-\sqrt{3}$$
の二つであることが分る. (終)

この例題は与えられた方程式の係数が整数であるとき,
$$a+bi\ (a, b\ \text{は整数})$$
の形の根を求める方法を示したもので, ちょうど前に述べた整数根があれば与式の定数項の約数を代入して試みることによって得られるという原理に相当している.

§22. 実係数の方程式

なお上の例題の他の根が $-2+\sqrt{3}$, $-2-\sqrt{3}$ であることから，適当な条件のもとには $a+b\sqrt{d}$ が根であれば $a-b\sqrt{d}$ も根であることが想像される．これについて次に調べたい．

いま文字はすべて有理数を表わすものとし，d は有理数の平方にならぬ数であるとする．いま a, b を有理数として

(22.1) $$a+b\sqrt{d}=0 \quad (b \neq 0)$$

のような関係式があれば，

$$d=\left(\frac{a}{b}\right)^2$$

となり，d の仮定に矛盾する．したがって，

$$a+b\sqrt{d}=0$$

であれば，$b=0$，またこれから $a=0$ が得られる．これを準備として次の定理が得られる．

定理 22.2. $f(x)=a_0x^n+a_1x^{n-1}+\cdots+a_n$ を有理係数の整式とするとき $\alpha=a+b\sqrt{d}$ が $f(x)$ の根であるならば $\beta=a-b\sqrt{d}$ も根である．ここに d は有理数の平方とならぬ有理数，a, b は有理数を表わすものとする．

証明． 証明は定理 22.1 と同じで

$$\begin{aligned}
f(\alpha) &= a_0(a+b\sqrt{d})^n + a_1(a+b\sqrt{d})^{n-1} + \cdots \\
&= a_0\left\{a^n + \binom{n}{1}a^{n-1}b\sqrt{d} + \binom{n}{2}a^{n-2}b^2d + \cdots\right\} \\
&\quad + a_1\left\{a^{n-1} + \binom{n-1}{1}a^{n-2}b\sqrt{d} + \binom{n-1}{2}a^{n-3}b^2d + \cdots\right\} \\
&\quad + \cdots \\
&= P+Q\sqrt{d}.
\end{aligned}$$

ここに P, Q は有理数を表わす．

$$f(\beta)=P-Q\sqrt{d}$$

であることはその計算から明らかである．

$$f(\alpha)=P+Q\sqrt{d}=0$$

から $P=Q=0$ が得られ
$$f(\beta)=P-Q\sqrt{d}=0.$$
したがって，定理に主張したように β は $f(x)$ の根となる．　　　（終）

例題 2. 方程式 $x^4+x^3-18x^2-7x+3=0$ の根の絶対値は 5 より小さいことが分っているとき，
$$a+b\sqrt{d} \quad (d>0,\ a,\ b,\ d\ \text{は整数})$$
の形の根があるかどうかを調べよ．ここに d は平方の因子をもたぬものとする．

解． 前定理により $a+b\sqrt{d}$ が根であれば $a-b\sqrt{d}$ も根であるから初めから a, b は同じ符号をもつものと仮定しても差支えない．
$$|\alpha|=|a+b\sqrt{d}|=|a|+|b|\sqrt{d}<5.$$
特に $|a|<5$ である．
$$\{x-(a+b\sqrt{d})\}\{x-(a-b\sqrt{d})\}$$
$$=x^2-2ax+(a^2-b^2\sqrt{d})$$
が与えられた整式 $f(x)$ の因数になることから，
$$c=a^2-b^2d$$
は $f(x)$ の定数項 3 の約数に等しい．したがって，
$$c=\pm 1,\ \pm 3.$$
$|a|$ の可能な値は 0, 1, 2, 3, 4 であるが
$$|a|+|b|\sqrt{d}<5 \quad (b\doteqdot 1,\ d>1)$$
から $|a|<5-|d|\sqrt{d}<5-\sqrt{2}<4$ となって $|a|=0,1,2,3$ となることが分る．したがって
$$x^2-2ax+(a^2-b^2d)$$
の可能な型は
$$x^2+px+q$$
$$(|p|=0, 2, 4, 6;\ |q|=1, 3)$$
だけしかない．これらを実際に試みることにより与えられた式の因数になり得

る場合は
$$x^2-4x+1=\{x-(2+\sqrt{3})\}\{x-(2-\sqrt{3})\}$$
で，他の因数は x^2+5x+3 であることが分る．求める根は $2+\sqrt{3}$, $2-\sqrt{3}$ である． (終)

この例題でみるように定理 22.2 がいつも非常に有効に用いられるわけではなく，根を求める問題には一般に相当な労力を必要とすることが分る．

つぎに $f(x)$ を実係数の整式とすれば以前に述べたことから（証明は省略したが）
$$f(x)=a_0x^n+a_1x^{n-1}+\cdots+a_n$$
$$=a_0(x-\alpha_1)(x-\alpha_2)\cdots(x-\alpha_n)$$
のような複素数 $\alpha_1,\alpha_2,\cdots,\alpha_n$ が存在する．ここにもし根の一つ $\alpha=b+ci$ が実数でなければ（いいかえれば $c\neq 0$ であれば）α の共役複素数 $\bar{\alpha}=b-ci$ も根である．したがって，$f(x)$ は
$$\{x-(b+ci)\}\{x-(b-ci)\}$$
$$=(x-b)^2+c^2$$
を因数にもつ．すなわち，$f(x)$ は

(22.2) $\qquad f(x)=a_0(x-\alpha_1)\cdots(x-\alpha_k)$
$$\times\{(x-b_1)^2+c_1^2\}\cdots\{(x-b_l)^2+c_l^2\}$$
$\qquad(\alpha_1,\cdots,\alpha_k ; b_1,c_1,\cdots,b_l,c_l$ は実数$)$．

これが実係数の整式の一つの標準形である．

定理 22.3. 実係数の多項式 $f(x)$ に対して
$$f(a)>0,\ f(b)<0 \qquad (a<b)$$
なるとき，a, b の間に $f(x)$ の根が奇数個存在する．
$$f(a)<0,\ f(b)>0 \qquad (a<b)$$
の場合も同様である．ただし重根の回数は重複度の数だけ数えるものとする．

$f(a), f(b)$ が同符号であれば a, b の間に偶数個（または 0 個）の根が存在する．

証明． $f(x)$ の分解 (22.2) により

$$f(a) = a_0(a-\alpha_1)\cdots(a-\alpha_k)$$
$$\times \{(a-b_1)^2+c_1^2\}\cdots\{(a-b_l)^2+c_l^2\}.$$

複素数の根に対応する因数の部分の符号は正であるから(便宜上 $a_0 > 0$ として) $f(a)$ の符号は

(22.3) $\qquad a-\alpha_1,\ a-\alpha_2,\ \cdots,\ a-\alpha_k$

の中で負のものの個数が偶数であるか奇数であるかにしたがって正または負となる. $f(b)$ の符号についても同様に

(22.4) $\qquad b-\alpha_1,\ b-\alpha_2,\ \cdots,\ b-\alpha_k$

の中で負のものの個数によってその符号が定まる.

以上に述べたことからたとえば $f(a)>0,\ f(b)<0$ であれば $a-\alpha_i<0$ を満足する α_i の個数は偶数であり $b-\alpha_i<0$ を満足する α_i の個数は奇数であるから $a<\alpha_i<b$ を満足する α_i の個数は奇数である. (終)

例題 3. $f(x)=x^4-3x^3-10x^2-10x+20$ は 2 と 6 の間に少なくとも一つ実根をもつことを示せ.

解. 組立除法により $f(2),\ f(6)$ の値を求めれば,
$$f(2)=-48,\ f(6)=180.$$

すなわち, $f(2), f(6)$ は異符号であるから, 2 と 6 の間には奇数個の実根が存在する. (終)

実際には $f(5)=-30<0$ であるから 5 と 6 の間に実根があることがわかる. また $f(1)=-2,\ f(0)=20$ であるから 0 と 1 の間にも実根のあることがいえた. このように個々の根の位置を区別できるように範囲を求めることを**根を分離する**という.

問 1. $f(x)=a_0x^3+a_1x^2+a_2x+a_3$ が根 α,β,γ をもつとき $f'(x)=3a_0x^2+2a_1x+a_2$ は
$$a_0\{(x-\beta)(x-\gamma)+(x-\alpha)(x-\gamma)+(x-\alpha)(x-\beta)\}$$
に等しいことを対称式の性質を用いて証明せよ.

問 2. $x^3+a_1x^2+a_2x+a_3=0$ が整係数の三次方程式で
$$a+bi \quad (a,b\ \text{は整数},\ b\neq 0)$$
の形の根をもつならば, 整数根をももつことを示せ.

問 3. $f(x)=a_0x^n+a_1x^{n-1}+\cdots+a_n$ が実係数の整式で実根をもたないならば，任意の x に対して $f(x)$ は a_0 と同じ符号をもつ．

§23. 根 の 限 界

$f(x)=a_0x^n+a_1x^{n-1}+\cdots+a_n$ が実係数の整式なるとき，$f(x)$ の実根がすべて b 以下であれば b を $f(x)$ の実根の**上限**といい，すべての実根が a 以上であるとき a を $f(x)$ の実根の**下限**という．a, b の両方を総称して $f(x)$ の実根の**限界**という．方程式の根を求めるにはまず根の限界を求め，次に根を分離しなければならない．この節では根の限界を求める実際的な方法について述べる．

定理 23.1. $f(x)=x^n+a_1x^{n-1}+a_2x^{n-2}+\cdots+a_n$ が実係数の整式で，$|a_1|$, $|a_2|, \cdots, |a_n|$ の中の最大なものを m とすれば，$f(x)$ の根の絶対値はすべて $1+m$ より小さい．

注意. この定理は複素係数の整式に対しても成り立つ．

証明. $f(x)=0$ の根 x の絶対値が $1+m$ 以上であると仮定する．
$$x^n = -a_1x^{n-1}-a_2x^{n-2}-\cdots-a_n$$
であるから，
$$\begin{aligned}|x|^n &\leq |a_1||x|^{n-1}+|a_2||x|^{n-2}+\cdots+|a_n|\\&\leq m|x|^{n-1}+m|x|^{n-2}+\cdots+m\\&=m\frac{|x|^n-1}{|x|-1}\leq m\frac{|x|^n-1}{(1+m)-1}=|x|^n-1.\end{aligned}$$
これは明らかに矛盾であるから $|x|\geq 1+m$ は成立しない．したがって $|x|<1+m$．

例題 1. 方程式 $x^3-8x^2+30x-50=0$ の根の限界を求めよ．

解. 定理の m に当るものは
$$m=\max(8, 30, 50)=50$$
であるから，x を与えられた方程式の根とすれば $|x|<51$ である．　　（終）

実際の根の絶対値は上の定理によって求めた限界 51 よりは大分小さいので，

上記の定理の他にも根の限界を求める定理があることが望ましいことがわかる.

定理 23.2. 実係数の方程式
$$f(x) = x^n + a_1 x^{n-1} + \cdots + a_n = 0$$
の係数の中で最初に負となるものを a_r とし, 負の係数の絶対値の最大値を M とすれば, 正根は $1 + \sqrt[r]{M}$ よりも小である.

証明. $f(x)$ の中で負となるものを $a_k = -p_k$, 正または 0 となるものを $a_k = q_k$ と書き直し, x を正根の一つとすれば,
$$f(x) = x^n + q_1 x^{n-1} + \cdots - p_r x^{n-r} + - \cdots = 0.$$

ゆえに
$$x^n \leq -q_1 x^{n-1} - \cdots + p_r x^{n-r} + \cdots.$$

この右辺の正係数の項のみを残して
$$x^n \leq p_r x^{n-r} + \cdots$$
$$\leq M x^{n-r} + \cdots$$
$$\leq M \frac{x^{n-r+1} - 1}{x - 1}.$$

いまかりに $x \geq 1 + \sqrt[r]{M}$ とすれば上式の右辺は
$$\leq M \frac{x^{n-r+1}}{\sqrt[r]{M}}.$$

ゆえに
$$x^{r-1} \leq M^{\frac{r-1}{r}},$$
$$x \leq M^{\frac{1}{r}}$$

となって仮定
$$x \geq 1 + \sqrt[r]{M}$$

と矛盾する. (終)

定理 23.3. 実係数の方程式
$$f(x) = x^n + a_1 x^{n-1} + \cdots + a_n = 0$$
に対して $(-1)^r a_r$ の中で最初に負となるものを $+a_s$ とし, $(-1)^r a_r$ が負のような係数の最大値を N とすれば負根は $-(1 + \sqrt[s]{N})$ よりも大である.

§23. 根 の 限 界

証明. $f(x)=0$ の根を $\alpha_1, \alpha_2, \cdots, \alpha_n$ とするとき, $-\alpha_1, -\alpha_2, \cdots, -\alpha_n$ を根とする方程式は

$$g(x)=(-1)^n f(-x)=x^n-a_1x^{n-1}+a_1x^{n-2}+\cdots+(-1)^n a_n=0$$

であるから,この方程式に前定理を適用して $g(x)$ の正根(すなわち $f(x)$ の負根の符号を変じたもの)は $1+\sqrt[k]{N}$ よりも小さいことがいわれ,これから定理の結果が得られる. (終)

例題 2. 例題 1 の方程式

$$x^3-8x^2+30x-50=0$$

の実根は区間

$$-(1+\sqrt{30})<x<1+50.$$

すなわち $-6.477\cdots<x<51$ に属する.この例でわかるように一般に実根の限界を求める場合には定理 23.2, 23.3 を用いることにより定理 23.1 よりはよい結果が得られる.もっとも上にあげた方程式は負根をもっていないのでこの例においては実質的にはよりよい限界は得られたわけではない.

定理 23.4. 方程式

$$f(x)=x^n+a_1x^{n-1}+\cdots+a_n=0$$

において

$$M=\max \sqrt[k]{|a_k|}$$

とおけば,$f(x)$ の根の絶対値は $2M$ より小である.

証明. かりに根 x の絶対値が $\geq 2M$ であったとする.

$$x^n=-a_1x^{n-1}-\cdots-a_n$$

であるから,

$$|x|^n \leq |a_1||x|^{n-1}+\cdots+|a_n|$$
$$\leq M|x|^{n-1}+M^2|x|^{n-2}+\cdots+M^n$$
$$=|x|^n\left\{\frac{M}{|x|}+\left(\frac{M}{|x|}\right)^2+\cdots+\left(\frac{M}{|x|}\right)^n\right\}$$

$$\leqq |x|^n \frac{M}{|x|} \frac{1-\left(\dfrac{M}{|x|}\right)^n}{1-\dfrac{M}{|x|}} < |x|^n \frac{M}{|x|} \frac{1}{1-\dfrac{M}{|x|}}.$$

これから容易に次の矛盾に到達する：

$$1-\frac{M}{|x|} < \frac{M}{|x|}, \quad |x| < 2M.$$

（終）

例題 3. 方程式

$$x^3 - 8x^2 + 30x - 50 = 0$$

の根の限界を上の定理によって求めれば，

$$2 \times \sqrt{30} < 11, \quad 2 \times \sqrt[3]{50} < 8$$

であるから，

$$2M = \max(2 \times 8, \ 2 \times \sqrt{30}, \ 2 \times \sqrt[3]{50}) < 16.$$

ゆえに求める限界は $2M < 16$ である． （終）

定理 23.5. 実係数の方程式

$$f(x) = x^n + a_1 x^{n-1} + \cdots + a_n = 0$$

において $a_k < 0$ なる係数についての $\sqrt[k]{|a_k|}$ の最大値を M，$(-1)^k a_k < 0$ なる係数についての $\sqrt[k]{|a_k|}$ の最大値を N とすれば，$f(x)$ の実根は区間 $-2N < x < 2M$ の中にある．

証明． 負な係数 a_k に対しては $a_k = -p_k$ とおけば，正根 x に対して

$$x^n = -a_1 x^{n-1} - \cdots - a_n$$
$$\leqq p_r x^{n-r} + \cdots$$
$$\leqq M^r x^{n-r} + \cdots$$
$$\leqq M x^{n-1} + M^2 x^{n-2} + \cdots + M^n$$
$$1 \leqq \frac{M}{x} + \left(\frac{M}{x}\right)^2 + \cdots + \left(\frac{M}{x}\right)^n.$$

もし $2M \leqq x$ ならば右辺は

$$\leqq \frac{1}{2} + \left(\frac{1}{2}\right)^2 + \cdots + \left(\frac{1}{2}\right)^n$$

$$= \frac{1}{2} \frac{1-\left(\frac{1}{2}\right)^n}{1-\frac{1}{2}} = 1-\left(\frac{1}{2}\right)^n < 1$$

となって矛盾を生ずる．ゆえに $x < 2M$ である．

負根についても $f(x)$ の根の符号を変じた根をもつ方程式について同様に論ずればよい． (終)

例題 4． 方程式
$$x^3 - 8x^2 + 30x - 50 = 0$$
においては
$$2\sqrt{30} < 11,\quad 2 \times \sqrt[3]{50} < 8.$$
定理の $2M, 2N$ に相当するものは $2M=16$, $2N<11$ すなわち実根
$$-11 < x < 16.$$

定理 23.6． $f(x) = a_0 x^n + a_1 x^{n-1} + \cdots + a_n$ が実係数の整式で
$$a_0 \geqq a_1 \geqq \cdots \geqq a_n > 0$$
であるならば，$f(x)$ の根の絶対値は 1 をこえない．

証明． かりに $f(x)$ の根 x の絶対値が 1 よりも大であったとする．
$$(x-1)f(x)$$
$$= a_0 x^{n+1} + (a_1 - a_0) x^n + (a_2 - a_1) x^{n-1}$$
$$+ \cdots + (a_n - a_{n-1}) x - a_n$$
であるから，

(23.1) $\quad |(x-1)f(x)|$
$$\geqq |a_0| \cdot |x|^{n+1} - |a_1 - a_0||x|^n - |a_2 - a_1||x|^{n-1}$$
$$- \cdots - |a_n - a_{n-1}||x| - a_n$$
$$= a_0 |x|^{n+1} - (a_0 - a_1)|x|^n - (a_1 - a_2)|x|^{n-1}$$
$$- \cdots - (a_{n-1} - a^n)|x| - a_n$$
$$= (|x|-1) f(|x|).$$

仮定から $|x| > 1$，また $f(|x|) > 0$ であることも $f(x)$ の係数が正であることから明らかであるから，

$$|(x-1)f(x)|>0$$

これは $f(x)=0$ に矛盾する. (終)

上の証明の途中 (23.1) の不等式は

$$|b_1+b_2+\cdots+b_m|$$
$$\geqq |b_1|-|b_2|-|b_3|-\cdots-|b_m|$$

なる形の不等式を用いて得られる. 上記の不等式は

$$|b_1|=|(b_1+b_2+\cdots+b_m)-(b_2+\cdots+b_m)|$$
$$\leqq |b_1+b_2+\cdots+b_m|+|b_2|+\cdots+|b_m|$$

なる関係の変形である.

定理 23.7. $f(x)=a_0x^n+a_1x^{n-1}+\cdots+a_n$ が正の係数をもつ整式であるとき,

$$M=\max\left\{\frac{a_1}{a_0},\frac{a_2}{a_1},\cdots,\frac{a_n}{a_{n-1}}\right\}$$

とおけば, $f(x)=0$ の根の絶対値は M を越えない.

証明. $x=My$ とおけば

$$f(My)=a_0M^ny^n+a_1M^{n-1}y^{n-1}+\cdots+a_n$$

の y のベキの係数に対しては M の作り方により

$$a_kM^{n-k}\geqq a_{k+1}M^{n-(k+1)}.$$

したがって, 前定理により $f(My)=0$ なる y の絶対値は1を越えないから

$$|x|=|My|\leqq M. \qquad (終)$$

例題 5. 方程式

$$x^3-8x^2+30x-50=0$$

の根の符号を変えれば,

$$x^3+8x^2+30x+50=0.$$

これは正の係数をもつからその根の絶対値は

$$\max\left\{\frac{8}{1},\frac{30}{8},\frac{50}{30}\right\}=8$$

を越えない. したがって, 初めの方程式の根の絶対値も8を越えない. (終)

§23. 根 の 限 界

以上の諸定理によって根の限界を求めることができるが，実際問題においては多くの場合次の定理によってよい限界が得られる．

定理 23.7. $f(x)$ が n 次の実係数の整式であれば $f(\alpha), f'(\alpha), \cdots, f^{(n)}(\alpha)$ がすべて正なるとき $f(x)$ の実根は α より小である．

証明． $x=\alpha$ のまわりにおけるテイラーの展開により

$$f(x)=f(\alpha)+\frac{f'(\alpha)}{1!}(x-\alpha)+\frac{f''(\alpha)}{2!}(x-\alpha)^2+\cdots+\frac{f^{(n)}(\alpha)}{n!}(x-\alpha)^n$$

であるから，$x \geqq \alpha$ のとき

$$f(x) \geqq f(\alpha) > 0.$$

すなわち $x \geqq \alpha$ のとき $f(x)=0$ となることはない．したがって，x が実数で $f(x)=0$ であれば $x<\alpha$ でなければならない． (終)

実際に $f(\alpha), f'(\alpha), \cdots, f^{(n)}(\alpha)$ を計算するには組立除法によればよい．

例題 6. 方程式

$$x^3 - 8x^2 + 30x - 50 = 0$$

の根の上限を求めるため $\alpha=6$ として上の定理が適用されるかどうかを試みる．

```
 1   −8    30   −50   |6
      6   −12   108
 1   −2    18    58
      6    24
 1    4    32
      6
 1   10
```

$$f(6)=58,\ f'(6)=32,\ \frac{f''(6)}{2!}=10,\ \frac{f'''(6)}{3!}=1$$

はいずれも正であるから定理により 6 は実根の上限である． (終)

実際は 6 よりも小さい 5 も上限であることが同じようにして分る．この際計算の途中の次の段階で，それ以下の計算を実行しなくとも最後に得られる数が正であることは明らかであろう：

```
    1   -8      30    -50   |5
         5     -15     75
    1   -3      15     25
         5
    1    2
```

例題 7. 次の方程式の実根の限界を求めよ：
$$x^4+8x^3-20x-30=0.$$

解． 2が上限であることは次の組立除法の計算と例題6の注意からわかる．

```
    1    8     0    -20   -30   |2
         2    20     40    40
    1   10    20     20    10
```

次に与えられた方程式の根の符号を変じて
$$x^4-8x^3+20x-30=0.$$

この方程式の実根の上限は 8 であるから -8 は初めの方程式の実根の下限である．したがって与えられた方程式の実根は区間 $(-8,2)$ の内部にある．

(終)

根の限界に関する諸定理の中で定理 23.8 とそれ以前の定理との相違について次に述べておこう．

定理 23.8 によれば一般には定理 23.8 より以前の定理よりも正確な限界が得られる．しかしどのような数 α について定理に述べた条件 $f(\alpha)>0, f'(\alpha)>0, f''(\alpha)>0\cdots$ を試めし算すべきかについては一定の方針が与えられていない．定理 23.8 より以前の定理においては試めし算の必要がなく一回で限界が求められる．

方程式が実際に与えられたとき，比較的早く正確な限界を求めるにはたとえば次のようにすればよい．

まず定理 23.5 よりも以前の定理の適当な一つにより概略の上限 M_1 を求める．次に M_1 よりも小さい数 M_2 が定理 23.8 の条件を満たすかどうかを試みる．もし M_2 が条件を満たす場合にはさらに小さい数につき，また条件を満たさない場合は M_2 より大で M_1 より小さい数につき条件が満たされるか否かを試みる．この操作をくりかえしてよい限界を求めることができる．下限につ

いても根の符号を変じて後，同じような操作によって限界を求めればよい．

例題 7. 次の方程式の実根の上限を求めよ：
$$x^4-20x^3+80x^2+90x-10=0$$

解． 定理 23.4 によって根の限界を求めれば
$$M=\max\{20,\ \sqrt{80},\ \sqrt[3]{90},\ \sqrt[4]{10}\}=20$$
であるから，根の絶対値の上限として
$$M_1=2M=2\times 20=40$$
が得られる．$M_2=\dfrac{1}{2}M_1=20$ とおいて組立除法により

```
  1   -20    80     90    -10   |20
         20    0   1600  33800
  1     0    80   1690     +
```

すなわち 20 は上限である．次に $M_3=10$ に対しては定理 23.8 の条件が満たされない．M_3 と M_2 の中間（大体中央の値）の $M_4=15$ に対しては次の計算から条件が満たされる：

(23.2)
```
  1   -20    80    90    -10    |15
         15   -75    75   2475
  1    -5     5   165      +
         15
  1    10
```

以下同じようにして
$$M_5=13\doteqdot\left(\frac{1}{2}(M_3+M_4)\right)$$
に対しては定理 23.8 の条件は満たされず，$M_6=14$ に対しては条件が満たされるから 14 は実根の上限である． (終)

なお上の計算 (23.2) のように正の数の現われる部分を省略する書き方は略式の書き方であって，正式には＋の記号で省略した個所の全部を記入しておくことが望ましい．

問 1. 次の各方程式の実根の限界を求めよ：
(1) $x^4+5x^3-5x^2-40x-60=0$,
(2) $x^4+7x^3+13x^2+5x-2=0$,

(3) $x^4-x^3+100x^2-100x+500=0$.

§24. 正根および負根の個数

前節において主として実根の限界の求め方について論じたが,実根の個数に関してはデカルト,スツルムなどの定理がある.スツルムの定理については付録において説くこととして,本節では**デカルトの符号の法則**について述べることとする.

一つの数列の**符号の変化の数**とは+から-に,または-から+に移る場所の個数のことで,0の項は省略して数えるものとする.たとえば数列

$$2,\ 4,\ -3,\ 5,\ 4,\ 0,\ -8,\ 2,\ -3$$

においては符号の列は

$$+\ +\ -\ +\ +\ 0\ -\ +\ -$$

であるから符号の変化の数は5である.

定理 24.1. (デカルトの符号の法則) 実係数の方程式

$$f(x)=a_0x^n+a_1x^{n-1}+\cdots+a_n=0$$

の正根の個数は,その係数 $a_0, a_1, \cdots, a_n$ の符号の変化の数に等しいか,またはそれより偶数個だけ少ない.ただし重根の個数はその重複度だけ数えるものとする.

証明. $a_0>0$, $a_n \neq 0$ であると仮定しておいても差支えない($a_0<0$ ならば $f(x)$ の代りに $-f(x)$ の根について論ずればよいから x の最大ベキの係数は正としてもよく,また a_n が 0 であれば $f(x)$ を x のベキで割って定数項のない整式に変換しても正根の個数は変わらない).

第一段. $f(x)$ が正根をもたないものとする.

式 (22.2) によって

$$\begin{aligned}f(x)&=a_0x^n+a_1x^{n-1}+\cdots+a_n\\&=a_0(x-\alpha_1)\cdots(x-\alpha_k)\\&\quad\times\{(x-b_1)^2+c_1^2\}\cdots\{(x-b_l)^2+c_l^2\}.\end{aligned}$$

§24. 正根および負根の個数

仮定によって実根 $\alpha_1, \alpha_2, \cdots, \alpha_k$ はすべて 0 または負である．ゆえに
$$a_n = a_0(-\alpha_1)\cdots(-\alpha_k)(b_1{}^2+c_1{}^2)\cdots(b_l{}^2+c_l{}^2)$$
は $\geqq 0$ である．また $a_n \neq 0$ であるから $a_n>0$．すなわち $a_0, a_1, a_2, \cdots, a_n$ なる数列の最初と最後の数が正であるから符号の変化の数は偶数である．このことは今証明しようとしている定理の特別の場合である．

第二段． 上に述べたことによって正根の個数が 0 の場合に証明が終ったから正数の個数について帰納法により定理を証明する．そのためには正根が一つ増す度に係数の符号の変化の数が奇数個だけ増すことを示せばよい．

すなわち
$$f(x)=(x-c)g(x) \quad (c>0)$$
とおいたとき，$f(x)$ の係数の符号の変化の数が $g(x)$ のそれも奇数個だけ多いことを示せば定理が証明されたことになる．$g(x)$ に $x-c$ を掛ける演算を係数の符号だけで示して

```
                    *       *   * *
g(x) :   + + + - - - - + + - +
x-c  :   + -
         _____
         + + + - - - - + + - +
         - - - + + + + - - + -
         _____
         +   -       +   - + -
```

ここに * の記号は $g(x)$ の係数の符号の変化の起る場所で，$f(x)$ の係数の * の記号の場所では $g(x)$ の係数の符号と同じである．これをもう少し詳しくいえば隣り合った * の間では符号の変化は起らないからその部分だけについて $g(x)$ に $x-c$ を掛ける計算を示せば

```
               *             *
      ……+……-+
     + -
     _____
      + -……- +
      - +     + -
     _____
      -       +
```

となって，* 記号の部分の符号が保存されていることがわかる．ただし上の例では

```
      *         *
      -         - +
```

の場合について述べたが，この他に

```
  *        *
  -        0  +
  *           *
  +        +  -
  *           *
  +        0  -
```

の3通りの場合が考えられるが，そのいずれの場合にも右側の＊に対応する部分では $g(x)$ と $f(x)$ の係数の符号は一致することが分った．

また $g(x)$ の最後の＊の記号から後の部分については，たとえば次の例で分るように符号の変化が一つ増すことが分る．

```
              *
           + + … +
   + -
   ─────────────
           + + … +
            - - … -
           ─────────
           + ……… -
```

この事柄についても $\overset{*}{+}$ の次に 0 が現われる場合，$\overset{*}{-}$ の場合などが考えられるが，符号の変化が一つ余分に現われる．

以上で証明された事柄をもう一度図式で表わしておこう．

$$\begin{array}{ll} & \quad\quad * \quad\quad * \quad\quad * \\ g(x) & +\cdots-\cdots+\cdots-\cdots \\ f(x) & +\cdots-\cdots+\cdots-\cdots+ \end{array}$$

ただし $g(x)$ の係数においては上に書かれた隣り合った＊印の間で符号の変化は現われないが，$f(x)$ の ＋…－ の間では符号の変化の起る可能性がある．その個数は各区間について奇数である．すなわち $g(x)$ の符号の起る区間について $f(x)$ の符号の変化は偶数個だけ増加し，さらに $f(x)$ の最後の区間で奇数個だけ増加する．以上から $f(x)$ の係数の符号の変化の数は $g(x)$ にくらべて奇数だけ増していることが証明された．

例題 1. $g(x)=x^5+2x^4-3x^3-4x^2-10x+6$ に $x-2$ を掛けることにより $f(x)=(x-2)g(x)$ の係数の符号の変化の個数は $g(x)$ のそれより1個より多く増していることを検せよ．

解．

§24. 正根および負根の個数

```
 1    2   -*3   -4   -10   *6
 1   -2
 1    2   -3   -4   -10    6
     -2   -4    6     8   20   -12
 1    0   -7    2    -2   26   -12
```

すなわち $g(x)$, $f(x)$ の符号の変化はそれぞれ 2 および 5 で，その差は 3 である．　　　　　　　　　　　　　　　　　　　　　　　　　　　　　　　　（終）

$g(x)$ の係数の $-\overset{*}{3}\cdots\overset{*}{6}$ の部分に相当する $f(x)$ の係数の所で符号の変化が 1 個より多く現われていることに注意されたい．

例題 2. 次の整式の正根および負根の個数をデカルトの符号の法則により推定せよ．

$$f(x) = x^6 - 7x^4 + 2x^3 - 2x^2 + 26x - 13$$

解． $f(x)$ の係数の符号は

$$+\ 0\ -\ +\ -\ +\ -$$

であるから，符号の変化の個数は 5．したがって正根の個数の可能な数は 1, 3, 5 のいずれかである．

負根は

$$f(-x) = x^6 - 7x^4 - 2x^3 - 2x^2 - 26x - 13$$

の正負であるから係数の符号を調べて

$$+\ 0\ -\ -\ -\ -\ -$$

すなわち $f(x)$ の負根の個数は 1 である．　　　　　　　　　　　　　　　　（終）

例題 3. 前題の整式の $x > 1$ なる根の個数を求めよ．

解． $x-1=t$ とおき $f(x)$ を組立除法により t の整式に展開すれば

$$f(x) = t^6 + 6t^5 + 8t^4 - 6t^3 - 23t^2 + 6t + 7 = g(t)$$

となることは次の計算の通りである．

```
1   0  -7   2  -2  26 -13  |1
    1   1  -6  -4  -6  20
1   1  -6  -4  -6  20   7
    1   2  -4  -8 -14
1   2  -4  -8 -14   6
    1   3  -1  -9
1   3  -1  -9 -23
    1   4   3
1   4   3  -6
    1   5
1   5   8
    1
1   6   8  -6 -23   6   7
```

$g(t)$ は $f(x)$ の根より 1 を減じた根をもつ整式であるから $f(x)$ の 1 より大きい根は $g(t)$ の 0 より大きい根(すなわち正根)と一致する．ところが $g(t)$ の係数の符号の変化は 2 個あるから，デカルトの定理により求める個数は 0 個または 2 個である．ところが $g(0)=7$, $g(1)=-1$ であるから $0<t<1$ となるような根が少なくとも 1 個あるから 0 個とはなり得ない．したがって求める個数は 2 個である． (終)

$g(1)=-1$, $g(2)=263$ であるから $1\leq t\leq 2$ なる区間の内部にも 1 個 $g(t)$ の根があることになる．以上から $f(x)$ の根についてはっきりいわれたことは

　　　　負根　　1 個,

　　　　1 より大きい根　　2 個,

　　　　0 と 1 の間の根　　1 個または 3 個

ということである．

実際は 0 と 1 の間には実根は 1 個存在している．

問 1. 次の方程式の正根の個数を求めよ:
(1) $x^5-5x^4-10x^3+30x^2+60x-70=0$,
(2) $x^4-8x^3+8x^2+8x+16=0$.

問 2. 次の方程式の正根および負根の個数をデカルトの法則により推定せよ；また，2 より大きい根の個数を推定せよ:
(1) $x^5-5x^4-30x^3+200x^2+100x-500=0$,
(2) $x^5-20x^3+100x^2-100x+30=0$.

§25. ホーナーの方法

実係数の方程式の実根を求める方法に種々あるが，ここにはホーナー (Horner) の方法について説明する．

まずこの方法の原理について述べる．

与えられた実係数の方程式を

(25.1) $$f(x)=0$$

が隣り合った整数 $a, a+1$ の間に根 α をもつものとする．$f(x)=0$ の根よりも a だけ小さい根をもつ方程式

(25.2) $$g(x)=0$$

をつくれば，この方程式は 0 と 1 の間に実根をもつ．これが α の小数部分である．この小数の小数下第 1 位の値 a_1 を求めるために $g(x)=0$ の根の 10 倍を根とする方程式

(25.3) $$f_1(x)=0$$

をつくれば，この方程式は a_1 と a_1+1 の間に根をもつから，$f_1(x)=0$ の根を x の整数値を端点にもつ区間によって分離して a_1 が求められる．α の小数下第 2 位の桁の a_2 を求めるには $f_1(x)=0$ から出発して根を a_1 だけ減じ，次に 10 倍して得られる方程式 $f_2(x)=0$ について前と同様のことを繰返えせばよい．以上同様にして何桁でも所要の桁だけ根の近似値を求められる．実際の計算には適宜に省略算を行って労力を軽減することができる．これらを実際について見ることにしよう．

例題 1. 次の方程式の実根を小数点以下 3 桁まで求めよ：

(25.4) $$x^3-x^2-7=0.$$

解． 係数列 $1\ -1\ 0\ -7$ の符号の変化は 1 個であるから正根の個数は 1 個であり，また (25.4) の根の符号を変えた根をもつ方程式 $x^3+x^2+7=0$ の係数列が符号の変化をもたないことから負根は存在しないことが分る．$f(x)=x^3-x^2-7$ とおけば

x	0	1	2	3
$f(x)$	-7	-7	-3	11

であるから，正根 α は2と3の間にあることが分る．はじめの方程式の根から2を減じた値を根にもつ方程式を次のようにして求める．

$$
\begin{array}{rrrr|r}
1 & -1 & 0 & -7 & \underline{2} \\
  & 2 & 2 & 4 & \\
\hline
1 & 1 & 2 & -3 & \\
  & 2 & 6 & & \\
\hline
1 & 3 & 8 & & \\
  & 2 & & & \\
\hline
1 & 5 & & & \\
\end{array}
$$

したがって

(25.5) $\qquad g(x) = x^3 + 5x^2 + 8x - 3 = 0$

の $[0, 1]$ なる区間にある根が α の小数部分である．次に (25.5) の根を 10 倍して方程式

$$f_1(x) = 10^3 g\left(\dfrac{x}{10}\right) = 0$$

をつくれば，

(25.6) $\qquad f_1(x) = x^3 + 50x^2 + 800x - 3000 = 0$

ところが

x	0	1	2	3	4
$f_1(x)$	$-$	$-$	$-$	$-$	$+$

すなわち α の小数点以下の第1位の桁は3である．この3を大体見当をつけるには (25.5) の根が $0 \leq x < 1$ であることから x^2, x^3 を省略して

$$8x - 3 \doteqdot 0, \quad x \doteqdot 0.37\cdots$$

として $\alpha = 2.3\cdots$ とするのであるが，場合によりこの見当ははずれることもあるので注意を要する．

$f_1(x)$ から $f_2(x), f_3(x)$ を求める計算の方式を次に示そう．

$$
\begin{array}{rrrrr|r}
f_1(x): & 1 & 50 & 800 & -3000 & \underline{3} \\
 & & 3 & 159 & 2877 & \\
\hline
 & 1 & 53 & 959 & -123 & \\
 & & 3 & 168 & & \\
\hline
 & 1 & 56 & 1127 & & \\
 & & 3 & & & \\
\hline
f_2(x): & 1 & 590 & 112700 & -123000 & \\
\end{array}
$$

$\alpha = a \cdot a_1 a_2 \cdots$ なる a_2 の見当をつけるため
$$112700\,x - 123000 = 0$$
を解き
$$x = 1.\cdots.$$
$f(0) < 0$, $f(1) > 0$ であるから実際は $a_2 = 0$ となる．したがって $f_2(x)$ の根から a_2 を減じた方程式 $g_2(x) = 0$ は $f_2(x) = 0$ そのものであるから,
$$f_3(x) = x^3 + 5900\,x^2 + 11270000\,x - 123000000.$$
この最後の2桁を残して $=0$ とおき x を求めれば
$$a_3 \fallingdotseq \frac{123000000}{11270000} \fallingdotseq 10$$
$x \fallingdotseq 10$ に対する $f_3(x)$ の値を計算して
$$f_3(9) < 0,\ f_3(10) > 0$$
であるから $a_3 = 9$. 以上から
$$\alpha = 2.309\cdots.$$

例題 2. 次の方程式の正根の値を小数点以下3桁まで求めよ:
$$f(x) = x^3 - 2x^2 - 10x - 15 = 0.$$

解． デカルトの符号の法則により正根の個数は1個である．定理 25.5 により正根の上界を求めれば，$M = \max(2,\ \sqrt{10},\ \sqrt[3]{15}) < 4$ であるから $2M < 8$ となる．次に

x	4	5	6	7
$f(x)$	−	+	+	+

であるから正根 α は $4 < \alpha < 5$ なる区間に属する．以下ホーナーの方法によって計算する．

$f(x)$:	1	-2	-10	-15	$\lfloor 4$
		4	8	-8	
	1	2	-2	-23	$\dfrac{23000}{2200} \fallingdotseq 10$
		4	24		
	1	6	22		
		4			

x	7	8	9	10
f_1	$-$	$+$	$+$	$+$

$f_1(x)$:	1	100	2200	-23000	$\lfloor 7$
		7	749	20643	
	1	107	2949	-2357	
		7	798		$\dfrac{2357000}{374700} \fallingdotseq 6$
	1	114	3747		
		7			

x	6	7
f_2	$-$	$+$

$f_2(x)$:	1	1210	374700	-2357000	$\lfloor 6$
		6	7296	2291976	
	1	1216	381996	-65024	
		6	7332		
	1	1222	389328		
		6			

x	1	2
f_3	$-$	$+$

$f_3(x)$:	1	12280	38932800	-65024000

以上から α の近似値として $4.761\cdots$ を得る.

問 1. $x^3+2x-8=0$ はただ一つの実根をもつことを証明し，その値を小数第3位まで求めよ．

問 2. $\sqrt[3]{2}$ の値を小数第4位まで求めよ．

問題 6

1. 次の方程式の有理根を求めよ：
 (1) $3x^3+x^2-x-15=0$,
 (2) $4x^3+5x^2-5x-28=0$.

2. 次の相反方程式を解け：
 (1) $x^5+4x^4-3x^3+3x^2-4x-1=0$,
 (2) $x^6+2x^5+3x^4-3x^2-2x-1=0$,
 (3) $x^5+4x^4-3x^3-3x^2+4x+1=0$,
 (4) $x^6+2x^5+3x^4+4x^3+3x^2+2x+1=0$.

3. 次の方程式の根を $\alpha_1, \alpha_2, \alpha_3, \alpha_4$ とするとき，$5\alpha_i-1$ を根にもつ方程式をつくれ：
$$x^4-3x^3+4x^2-x+2=0.$$

4. x^3+ax^2+bx+3 が整係数をもつ三つの異なる一次因数の積に分解されるために a, b のとるべき値をすべて求めよ．

5. 次の方程式の重根を求めよ：

(1) $x^4+2x^3-12x^2-40x-32=0$,
  (2) $x^4-6x^3+13x^2-12x+4=0$.

6. 次の方程式が $2+3i$ なる根をもつことが知られているとき,根のすべてを求めよ:
$$x^4-3x^3+12x^2+x+39=0.$$

7. 次の方程式が $2-3\sqrt{2}$ なる根をもつことを知って根を求めよ:
$$x^4-5x^3-8x^2+6x-28=0.$$

8. $f(x)=x^3-3ax-b$ ($a>0$, b は実数) の係数が不等式
$$2a^{\frac{3}{2}}>|b|$$
を満たすとき,$f(x)$ は三つの実根をもつことを示せ.((注)まず $x=\pm\sqrt{a}$ における $f(x)$ の符号を調べよ).

9. 実係数の三次方程式は少なくとも一つ実根をもつことを示せ.

10. 次の方程式の根が等差級数をなすことを知ってこれを解け:
$$x^4-4x^3-14x^2+36x+17=0.$$

11. 次の方程式の根の限界を求めよ:
$$x^3-10x-11=0.$$

12. 方程式 $x^3-10x-11=0$ の根を分離せよ.

13. デカルトの法則により次の方程式は二つの実根と二つの虚根をもつことを示せ:
$$x^4+3x^2+2x-4=0.$$

14. 方程式
$$x^4+x^2+3x-2=0$$
の正根を小数点以下3位まで求めよ.

15. $\sqrt[3]{6}$ を小数下第4桁まで求めよ.

第7章 行　列　式

§26. 置　換

　n 個の文字を一つの順列から他の順列にならべかえる操作のことを**置換**という．n 個の文字を $1, 2, \cdots, n$ で表わすこととし，
$$1, 2, \cdots, n$$
なる順列を
$$p, q, \cdots, t$$
なる順列におきかえる置換のことを
$$\sigma = \begin{pmatrix} 1 & 2 & \cdots & n \\ p & q & \cdots & t \end{pmatrix}$$
と表わす．たとえば順列 1234 を 2431 に並べかえる置換を
$$\begin{pmatrix} 1 & 2 & 3 & 4 \\ 2 & 4 & 3 & 1 \end{pmatrix}$$
と表わし，これは1を2に，2を4に，3を3に，4を1にかえるということだけに着目することにして，次のように見かけ上異なる置換を等しいものと考える：
$$\begin{pmatrix} 1 & 2 & 3 & 4 \\ 2 & 4 & 3 & 1 \end{pmatrix} = \begin{pmatrix} 2 & 1 & 3 & 4 \\ 4 & 2 & 3 & 1 \end{pmatrix} = \begin{pmatrix} 1 & 3 & 4 & 2 \\ 2 & 3 & 1 & 4 \end{pmatrix} = \cdots.$$
これらの置換において $3 \to 3$ となって3は変化しない．このような文字を省略して
$$\begin{pmatrix} 1 & 2 & 3 & 4 \\ 2 & 4 & 3 & 1 \end{pmatrix} = \begin{pmatrix} 1 & 2 & 4 \\ 2 & 4 & 1 \end{pmatrix}$$
と考えることにする．

　置換の結果が二つの文字 a, b だけを交換するような場合，この置換を**互換**と呼んで (a, b) と表わす．たとえば
$$\begin{pmatrix} 1 & 2 & 3 & 4 & 5 \\ 1 & 5 & 3 & 4 & 2 \end{pmatrix} = \begin{pmatrix} 2 & 5 \\ 5 & 2 \end{pmatrix} = (2\ 5)$$

§26. 置換

である．

次に二つの置換の**積**を定義する．すなわち置換 σ および τ の積 $\sigma\tau$ とは，n 個の数字が σ, τ を引続いて施した置換を受けるようなものであると定義する．たとえば二つの置換

$$\sigma = \begin{pmatrix} 1 & 2 & 3 & 4 & 5 \\ 5 & 3 & 2 & 1 & 4 \end{pmatrix}, \quad \tau = \begin{pmatrix} 1 & 2 & 3 & 4 & 5 \\ 2 & 3 & 5 & 4 & 1 \end{pmatrix}$$

の積を求めるには

$$\sigma: 1 \to 5, \quad \tau: 5 \to 1$$

であるから

$$\sigma\tau: 1 \to 1.$$

同じように

$$\sigma: 2 \to 3, \quad \tau: 3 \to 5$$

から

$$\sigma\tau: 2 \to 5 \quad \text{等．}$$

したがって，以下同様にして

$$\sigma\tau = \begin{pmatrix} 1 & 2 & 3 & 4 & 5 \\ 1 & 5 & 3 & 2 & 4 \end{pmatrix}$$

となることが分る．これを機械的に計算すれば

$$\begin{pmatrix} 1 & 2 & 3 & 4 & 5 \\ 5 & 3 & 2 & 1 & 4 \end{pmatrix} \begin{pmatrix} 1 & 2 & 3 & 4 & 5 \\ 2 & 3 & 5 & 4 & 1 \end{pmatrix} = \begin{pmatrix} 1 & 2 & 3 & 4 & 5 \\ 5 & 3 & 2 & 1 & 4 \end{pmatrix} \begin{pmatrix} 5 & 3 & 2 & 1 & 4 \\ 1 & 5 & 3 & 2 & 4 \end{pmatrix}$$

$$= \begin{pmatrix} 1 & 2 & 3 & 4 & 5 \\ 1 & 5 & 3 & 2 & 4 \end{pmatrix} = \begin{pmatrix} 2 & 4 & 5 \\ 5 & 2 & 4 \end{pmatrix}.$$

ここで注意しなければならないのは，通常の数の積のような場合と異なり，一般には

$$\sigma\tau = \tau\sigma$$

は成立しないということである．たとえば

$$\sigma = \begin{pmatrix} 1 & 2 & 3 \\ 1 & 3 & 2 \end{pmatrix}, \quad \tau = \begin{pmatrix} 1 & 2 & 3 \\ 3 & 2 & 1 \end{pmatrix}$$

の場合

$$\sigma\tau = \begin{pmatrix} 1 & 2 & 3 \\ 3 & 1 & 2 \end{pmatrix}, \quad \tau\sigma = \begin{pmatrix} 1 & 2 & 3 \\ 2 & 3 & 1 \end{pmatrix}$$

の両者は等しくない．

すべての文字を動かさない置換

$$I = \begin{pmatrix} 1 & 2 & \cdots & n \\ 1 & 2 & \cdots & n \end{pmatrix}$$

のことを**恒等置換**（または**単位置換**）という．I のことを簡単に1と書くこともある．

これに対して明らかに

(26.1) $\qquad\qquad I\sigma = \sigma I = \sigma$

がすべての置換 σ に対して成立する．

(26.2) $$\sigma = \begin{pmatrix} 1 & 2 & \cdots & n \\ p & q & \cdots & t \end{pmatrix}$$

に対して，順列の結果をはじめの順列に戻す置換

(26.3) $$\begin{pmatrix} p & q & \cdots & t \\ 1 & 2 & \cdots & n \end{pmatrix}$$

のことを σ の**逆置換**とよび，σ^{-1} と表わす．明らかに次式が成立する：

(26.4) $\qquad\qquad \sigma^{-1}\sigma = \sigma\sigma^{-1} = 1.$

例題 1. 次の積を計算せよ：

$$\begin{pmatrix} 1 & 2 & 3 & 4 & 5 \\ 1 & 5 & 4 & 3 & 2 \end{pmatrix} \begin{pmatrix} 1 & 2 & 3 & 4 & 5 \\ 2 & 4 & 5 & 1 & 3 \end{pmatrix} \begin{pmatrix} 1 & 2 & 3 & 4 & 5 \\ 4 & 3 & 1 & 5 & 2 \end{pmatrix}.$$

解． 左から順に積を計算して

$$\begin{pmatrix} 1 & 2 & 3 & 4 & 5 \\ 1 & 5 & 4 & 3 & 2 \end{pmatrix} \begin{pmatrix} 1 & 5 & 4 & 3 & 2 \\ 2 & 3 & 1 & 5 & 4 \end{pmatrix} \begin{pmatrix} 2 & 3 & 1 & 5 & 4 \\ 3 & 1 & 4 & 2 & 5 \end{pmatrix}$$

$$= \begin{pmatrix} 1 & 2 & 3 & 4 & 5 \\ 2 & 3 & 1 & 5 & 4 \end{pmatrix} \begin{pmatrix} 2 & 3 & 1 & 5 & 4 \\ 3 & 1 & 4 & 2 & 5 \end{pmatrix} = \begin{pmatrix} 1 & 2 & 3 & 4 & 5 \\ 3 & 1 & 4 & 2 & 5 \end{pmatrix}.$$

（終）

置換

(26.5) $$\begin{pmatrix} i_1 & i_2 & \cdots & i_{r-1} & i_r \\ i_2 & i_3 & \cdots & i_r & i_1 \end{pmatrix}$$

によって r 個の文字は $i_1 \to i_2$, $i_2 \to i_3$, $\cdots$, $i_{r-1} \to i_r$, $i_r \to i_1$ のように一巡する. このような置換のことを**巡回置換**とよんで

(26.6) $$(i_1\, i_2\, i_3 \cdots i_r)$$

と表わす. 巡回置換はいくつかの互換の積となることは次の関係式から明らかである：

(26.7) $$(i_1\, i_2\, i_3 \cdots i_r) = (i_1\, i_2)(i_1\, i_3) \cdots (i_1\, i_r).$$

定理 26.1. 任意の置換は巡回置換の積として表わすことができる.

証明. 証明の意味をわかり易くするためまず実例を挙げておこう.

$$\begin{pmatrix} 1 & 2 & 3 & 4 & 5 & 6 & 7 & 8 \\ 2 & 8 & 5 & 7 & 6 & 3 & 4 & 1 \end{pmatrix} = \begin{pmatrix} 1 & 2 & 8 & 3 & 5 & 6 & 4 & 7 \\ 2 & 8 & 1 & 5 & 6 & 3 & 7 & 4 \end{pmatrix}$$

$$= \begin{pmatrix} 1 & 2 & 8 \\ 2 & 8 & 1 \end{pmatrix} \begin{pmatrix} 3 & 5 & 6 \\ 5 & 6 & 3 \end{pmatrix} \begin{pmatrix} 4 & 7 \\ 7 & 4 \end{pmatrix} = (1\,2\,8)(3\,5\,6)(4\,7).$$

この例と同じ操作が一般の置換 σ でもできることを次に示す.

σ によって $l_1 \to l_2$, $l_2 \to l_3$, $\cdots$ のような置きかえを受ける文字を上の例の $1 \to 2$, $2 \to 8$, $\cdots$ のようにたどって見る. もしこの列がある回数の後に $\cdots$, $l_{r-1} \to l_r$, $l_r \to l_1$ となって l_1 に戻るならば σ に一つの巡回置換 $(l_1, l_2, \cdots, l_r)$ が含まれていることとなる. そこでこの巡回置換に含まれていない任意の文字から出発して同じような操作を繰り返えして行けば，与えられた置換を巡回置換の積として表わすことができるわけである.

そこで上の操作が実際可能なことを証明する.

上に述べた $l_1 \to l_2$, $l_2 \to l_3$, $\cdots$ に現われる文字は σ の中には

(26.8) $$\sigma = \begin{pmatrix} l_1 & l_2 & \cdots \\ l_2 & l_3 & \cdots \end{pmatrix}$$

の形で現われる. したがって $l_1, l_2, \cdots$ はすべて異なる文字であり，またこれらをならべかえた後の順列の一部分の文字である $l_2, l_3, \cdots$ もすべて異なる文字である. したがって，

$$l_1 \to l_2 \to l_3 \to \cdots$$

なる列は l_1 以外のすでに現われた文字に戻ることはない. もし l_1 に戻らないものとすれば上の列は無限に続く列となって，有限個の文字の置換であるこ

とに反する．これで証明が終った． (終)

上記の定理と (26.7) 式から次の定理が得られる．

定理 26.2. 任意の置換は互換の積として表わすことができる．

例題 2. 前定理の証明の途中に例示した置換についていえば

$$\begin{pmatrix} 1 & 2 & 3 & 4 & 5 & 6 & 7 & 8 \\ 2 & 8 & 5 & 7 & 6 & 3 & 4 & 1 \end{pmatrix} = (1\,2\,8)(3\,5\,6)(4\,7)$$

$$= (12)(18)(35)(36)(47).$$

一般に置換を互換の積として表わす方法はただ一通りでなく，またその際現われる互換の個数も一定ではない．たとえば

$$(128) = (281)$$

の両辺に (26.7) を適用すれば

$$(12)(18) = (28)(21).$$

また $(23)(32) = I$ であるから

$$(12)(18) = (28)(21) = (28)(23)(32)(21).$$

これについては次の定理が成立する．

定理 26.3. 置換 σ を 2 通りの方法で互換の積として表わしたとき，その個数は両方共偶数であるかまたは奇数である．

証明． $x_1, x_2, \cdots, x_n$ を n 個の変数として次の式で定義された多項式(すなわち差積)を考える．

$$F = \prod_{i<j}(x_i - x_j) = (x_1 - x_2)(x_1 - x_3)\cdots(x_1 - x_n)$$
$$\times (x_2 - x_3)\cdots(x_2 - x_n)$$
$$\cdots\cdots\cdots\cdots\cdots$$
$$\times (x_{n-1} - x_n).$$

変数の添数に一つの互換を施せば F は $-F$ となる．たとえば与えられた互換を (12) とすれば x_1, x_2 を含む因数は初めの 2 行だけであるから

$$(12): F \to (x_2 - x_1)(x_2 - x_3)\cdots(x_2 - x_n)$$
$$\times (x_1 - x_3)\cdots(x_1 - x_n)$$
$$\cdots\cdots\cdots\cdots$$

§ 26. 置換

$$\times (x_{n-1}-x_n).$$

初めの F と因数を比較してこの右辺は $-F$ であることがわかる.

もし一つの置換 σ が偶数個の互換の積であるならばこの結果から $\sigma: F \to F$ であり，また奇数個の互換の積であるならば $\sigma: F \to -F$ である．F の変数の添数を置換した結果が，σ の含む互換の個数が偶数であるか奇数であるかということだけにより定まることから定理の正しいことが分る． （終）

以上から置換を**偶置換**と**奇置換**の2種類に分類することができる．

置換 σ が偶置換であれば $\mathrm{sgn}\,\sigma=1$，奇置換ならば $\mathrm{sgn}\,\sigma=-1$ と定義すれば次の定理が成立する．

定理 26.4. 任意の置換 σ,τ に対して

(26.8) $$\mathrm{sgn}\,\sigma^{-1}=\mathrm{sgn}\,\sigma,$$

(26.9) $$\mathrm{sgn}(\sigma\tau)=\mathrm{sgn}\,\sigma\,\mathrm{sgn}\,\tau.$$

証明. $\sigma=(i_1j_1)(i_2j_2)\cdots(i_rj_r)$ であれば σ^{-1} は

$$(i_rj_r)(j_{r-1}j_{r-1})\cdots(i_1j_1)$$

に等しいことは，逆置換の意味から容易に分る．実際，上の両者を乗じて $(ab)(ab)$ が単位置換となることを用いれば上の二つの積が 1 となることが示される．

σ と σ^{-1} が同じ個数の互換の積となるように書けることから式 (26.8) が得られる．

第二の式 (26.9) は $\sigma\tau$ を互換の積として表わすには σ,τ をそのような積に表わしたものをそのまま掛ければよいことと，偶数の和は偶数，奇数の和も偶数，偶数と奇数の和は奇数である事実を用いればよい．

例題 3. 3文字の置換については

偶置換： 1, (123), (132),

奇置換： (12), (13), (23).

例題 4. 4文字の置換については

偶置換：

1, (123), (132), (124), (142), (134), (143),

$$(234),\ (243),\ (12)(34),\ (13)(24),\ (14)(23),$$

奇置換：

$$(12),\ (13),\ (14),\ (23),\ (24),\ (34),\ (1234),$$
$$(1243),\ (1324),\ (1342),\ (1423),\ (1432).$$

問 1. n 文字の置換の全体の中で半数は偶置換で，半数は奇置換である．

問 2. 次の置換を互換の積に表わせ：
$$\begin{pmatrix} 1 & 2 & 3 & 4 & 5 \\ 3 & 4 & 5 & 2 & 1 \end{pmatrix},\ \begin{pmatrix} 1 & 2 & 3 & 4 & 5 & 6 \\ 2 & 4 & 5 & 6 & 1 & 3 \end{pmatrix}.$$

問 3. 次の積を計算せよ：

(1) $\begin{pmatrix} 1 & 2 & 3 & 4 & 5 \\ 1 & 4 & 3 & 5 & 2 \end{pmatrix}\begin{pmatrix} 1 & 2 & 3 & 4 & 5 \\ 3 & 4 & 1 & 5 & 2 \end{pmatrix}.$

(2) $(1342)(56)(1257).$

§27. 行列式の定義

n^2 個の数 $a_{ij}(i, j = 1, 2, \cdots, n)$ を正方形の形に配置した次のような記号を行列と名づける：

$$(27.1) \qquad \begin{bmatrix} a_{11} & a_{12} & \cdots\cdots & a_{1n} \\ a_{21} & a_{22} & \cdots\cdots & a_{2n} \\ \multicolumn{4}{c}{\cdots\cdots\cdots\cdots} \\ a_{n1} & a_{n2} & \cdots\cdots & a_{nn} \end{bmatrix}.$$

これを簡単に

$$(27.2) \qquad (a_{ij})_{i,j=1,2,\cdots,n} \ \text{または}\ (a_{ij})$$

等とも書く．

行列 $A = (a_{ij})$ において

$$a_{i1}\ a_{i2} \cdots\cdots a_{in}$$

の部分を第 i 行，

$$\begin{matrix} a_{1j} \\ a_{2j} \\ \vdots \\ a_{nj} \end{matrix}$$

の部分を第 j 列という．

§27. 行列式の定義

次に行列 $A=(a_{ij})$ の**行列式**を

(27.3) $$\sum \mathrm{sgn}\begin{pmatrix} 1 & 2 & \cdots & n \\ p & q & \cdots & t \end{pmatrix} a_{1p} a_{2q} \cdots a_{nt}$$

によって定義し，n をこの行列式の**次数**という．ここに和の意味は $n!$ 個のすべての置換

$$\begin{pmatrix} 1 & 2 & \cdots & n \\ p & q & \cdots & t \end{pmatrix}$$

に関するものである．行列式 (27.3) を表わすのに次のような記号を用いる：

(27.4) $$\begin{vmatrix} a_{11} & a_{12} & \cdots\cdots & a_{1n} \\ a_{21} & a_{22} & \cdots\cdots & a_{2n} \\ & \cdots\cdots\cdots \\ a_{n1} & a_{n2} & \cdots\cdots & a_{nn} \end{vmatrix}.$$

あるいは $A=(a_{ij})$ と表わされている場合に

(27.5) $$|a_{ij}|_{i,j=1,2,\cdots,n}, \quad |a_{ij}|, \quad \det(a_{ij}), \quad |A|$$

などと書き表わすこともある．

例題 1. 2次の行列式は定義により

$$\begin{vmatrix} a_{11} & a_{12} \\ a_{21} & a_{22} \end{vmatrix} = \mathrm{sgn}\begin{pmatrix} 1 & 2 \\ 1 & 2 \end{pmatrix} a_{11}a_{22} + + \mathrm{sgn}\begin{pmatrix} 1 & 2 \\ 2 & 1 \end{pmatrix} a_{12}a_{21}.$$

ここに $\mathrm{sgn}\begin{pmatrix} 1 & 2 \\ 1 & 2 \end{pmatrix}=1$, $\mathrm{sgn}\begin{pmatrix} 1 & 2 \\ 2 & 1 \end{pmatrix}=-1$ であるから，

(27.6) $$\begin{vmatrix} a_{11} & a_{12} \\ a_{21} & a_{22} \end{vmatrix} = a_{11}a_{22} - a_{12}a_{21}.$$

これを右図のように図式化して記憶する．

例題 2. 3次の行列式

$$\begin{pmatrix} 1 & 2 & 3 \\ 1 & 2 & 3 \end{pmatrix}, \begin{pmatrix} 1 & 2 & 3 \\ 2 & 3 & 1 \end{pmatrix}, \begin{pmatrix} 1 & 2 & 3 \\ 3 & 1 & 2 \end{pmatrix} \quad \text{偶置換}$$

$$\begin{pmatrix} 1 & 2 & 3 \\ 2 & 1 & 3 \end{pmatrix}, \begin{pmatrix} 1 & 2 & 3 \\ 3 & 2 & 1 \end{pmatrix}, \begin{pmatrix} 1 & 2 & 3 \\ 1 & 3 & 2 \end{pmatrix} \quad \text{奇置換}$$

であるから

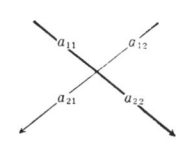

(27.7) $\begin{vmatrix} a_{11} & a_{12} & a_{13} \\ a_{21} & a_{22} & a_{23} \\ a_{31} & a_{32} & a_{33} \end{vmatrix} = a_{11}a_{22}a_{33} + a_{12}a_{23}a_{31} + a_{13}a_{21}a_{32} \\ - a_{12}a_{21}a_{33} - a_{13}a_{22}a_{31} - a_{11}a_{23}a_{32}$

これを次のように図式化して記憶する．

4次以上の行列の計算法には上のような簡単な法則はないが，後に述べる行列式の性質を使って計算することができる．

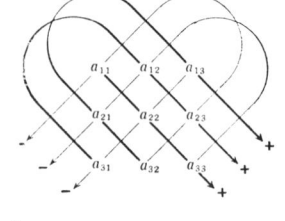

例題 3. 次の行列式の値を求めよ．

(27.8) $$D = \begin{vmatrix} a_{11} & 0 & 0 & \cdots\cdots & 0 \\ a_{21} & a_{22} & 0 & \cdots\cdots & 0 \\ a_{31} & a_{32} & a_{33} & \cdots\cdots & 0 \\ \cdots\cdots\cdots\cdots\cdots\cdots\cdots \\ a_{n1} & a_{n2} & a_{n3} & \cdots\cdots & a_{nn} \end{vmatrix}.$$

解． 行列式の定義によって

$$D = \sum \mathrm{sgn} \begin{pmatrix} 1 & 2 & \cdots & n \\ p & q & \cdots & t \end{pmatrix} a_{1p} a_{2q} \cdots a_{nt}.$$

ここに $a_{ij}(j>i)$ はすべて0であるから $p \leq 1, q \leq 2, \cdots$ のような項のみに限って加えて差支えない．したがってまず $p=1$，続いて $q \leq 2$ と $p \neq q$ から $q=2$，以下同様にして

$$a_{11}a_{22}\cdots a_{nn}$$

の項のみが残り，その符号は正であるから求める行列式の値は

$$D = a_{11}a_{22}\cdots a_{nn}.$$ （終）

問 1. 5次の行列式 $|a_{ij}|$ において次の項の符号を求めよ:

(1) $a_{12}a_{24}a_{31}a_{43}a_{55}$, (2) $a_{14}a_{25}a_{31}a_{42}a_{53}$.

問 2. 次の行列式を計算せよ:

(1) $\begin{vmatrix} 1 & 6 & 5 \\ 4 & 2 & 4 \\ 5 & 6 & 3 \end{vmatrix}$, (2) $\begin{vmatrix} a & f & e \\ f & b & d \\ e & d & c \end{vmatrix}$.

問 3. 次の関係を証明せよ:

$$\begin{vmatrix} a_{11} & 0 & 0 & 0 \\ a_{21} & a_{22} & a_{23} & a_{24} \\ a_{31} & a_{32} & a_{33} & a_{34} \\ a_{41} & a_{42} & a_{43} & a_{44} \end{vmatrix} = a_{11} \begin{vmatrix} a_{22} & a_{23} & a_{24} \\ a_{32} & a_{33} & a_{34} \\ a_{42} & a_{43} & a_{44} \end{vmatrix}.$$

§28. 行列式の基本的性質

以下簡単のために

(28.1) $$\mathrm{sgn}\begin{pmatrix} 1\ 2\cdots n \\ p\ q\cdots t \end{pmatrix} = \varepsilon(p\,q\cdots t)$$

とおき，行列式の基本的性質について述べることとする．

定理 28.1. 行列式の行と列を入れ換えても値は変わらない．

証明． 与えられた行列式を

$$|a_{ij}| = \sum \varepsilon(pq\cdots t) a_{1p} a_{2q} \cdots a_{nt}$$

とおけば，行と列を交換した行列式の (ij) 元素 a'_{ij} は a_{ji} であるから

$$|a'_{ij}| = \sum \varepsilon(pq\cdots t) a'_{1p} a'_{2q} \cdots a'_{nt}$$
$$= \sum \varepsilon(pq\cdots t) a_{p1} a_{q2} \cdots a_{tn}.$$

ここに (26.8) から

$$\varepsilon(pq\cdots t) = \mathrm{sgn}\begin{pmatrix} 1\ 2\cdots n \\ p\ q\cdots t \end{pmatrix} = \mathrm{sgn}\begin{pmatrix} p\ q\cdots t \\ 1\ 2\cdots n \end{pmatrix}$$

である．

一方 $p, q, \cdots, n$ が $1, 2, \cdots, n$ のあらゆる順列を動くとき，

(28.2) $$a_{p1} a_{q2} \cdots a_{tn}$$

の全体は

$$a_{1p} a_{2q} \cdots a_{nt}$$

の全体を動く．

$$\begin{pmatrix} p\ q\cdots t \\ 1\ 2\cdots n \end{pmatrix} = \begin{pmatrix} 1\ 2\cdots n \\ \alpha\ \beta\cdots \nu \end{pmatrix}$$

とおけば，(28.2) の因数の順を適当に入れかえて

$$|a'_{ij}| = \sum \mathrm{sgn}\begin{pmatrix} p\ q\cdots t \\ 1\ 2\cdots n \end{pmatrix} a_{1\alpha} a_{2\beta} \cdots a_{n\nu}$$
$$= \sum \mathrm{sgn}\begin{pmatrix} 1\ 2\cdots n \\ \alpha\ \beta\cdots \nu \end{pmatrix} a_{1\alpha} a_{2\beta} \cdots a_{n\nu}$$
$$= |a_{ij}|.$$

（終）

例題 1. 3次の行列式に対して上の定理により

$$\begin{vmatrix} a_1 & a_2 & a_3 \\ b_1 & b_2 & b_3 \\ c_1 & c_2 & c_3 \end{vmatrix} = \begin{vmatrix} a_1 & b_1 & c_1 \\ a_2 & b_2 & c_2 \\ a_3 & b_3 & c_3 \end{vmatrix}$$

定理 28.2. 行列式の一つ行(または列)のすべての元を λ 倍すれば行列式の値は λ 倍される.

証明. 前定理によって一つの行を λ 倍した場合だけについて論ずればよい. 行列式の定義により

i) $\begin{vmatrix} a_{11} & a_{12} & \cdots & a_{1n} \\ \cdots\cdots\cdots\cdots\cdots\cdots \\ \lambda a_{i1} & \lambda a_{i2} & \cdots & \lambda a_{in} \\ \cdots\cdots\cdots\cdots\cdots\cdots \\ a_{n1} & a_{n2} & \cdots & a_{nn} \end{vmatrix} = \sum \varepsilon(pq\cdots t) a_{1p} a_{2q} \cdots (\lambda a_{ir}) \cdots a_{n\nu}$

$= \lambda \sum \varepsilon(pq\cdots t) a_{1p} a_{2q} \cdots a_{nt} = \lambda |a_{ij}|.$

定理 28.3. 行列式 $|a_{ij}|$ の第 i 行が $a_{ij} = a_{ij}' + a''_{ij}$ $(j=1, 2, \cdots, n)$ の形の和であるならば, $|a_{ij}|$ は第 i 行をそれぞれ a'_{ij}, a''_{ij} でおき換えた行列式の和に等しい:

i) $\begin{vmatrix} a_{11}, & a_{12}, & \cdots, & a_{1n} \\ \cdots\cdots\cdots\cdots\cdots\cdots\cdots\cdots\cdots\cdots\cdots\cdots \\ a'_{i1}+a''_{i1}, & a'_{i2}+a''_{i2}, & \cdots, & a'_{in}+a''_{in} \\ \cdots\cdots\cdots\cdots\cdots\cdots\cdots\cdots\cdots\cdots\cdots\cdots \\ a_{n1}, & a_{n2}, & \cdots, & a_{nn} \end{vmatrix}$

(28.3)

$= \begin{vmatrix} a_{11} & a_{12} & \cdots & a_{1n} \\ \cdots\cdots\cdots\cdots\cdots \\ a'_{i1} & a'_{i2} & \cdots & a'_{in} \\ \cdots\cdots\cdots\cdots\cdots \\ a_{n1} & a_{n2} & \cdots & a_{nn} \end{vmatrix} + \begin{vmatrix} a_{11} & a_{12} & \cdots & a_{1n} \\ \cdots\cdots\cdots\cdots\cdots \\ a''_{i1} & a''_{i2} & \cdots & a''_{in} \\ \cdots\cdots\cdots\cdots\cdots \\ a_{n1} & a_{n2} & \cdots & a_{nn} \end{vmatrix}$

証明. 行列式の定義によって

$|a_{ij}| = \sum \varepsilon(pq\cdots t) a_{1p} a_{2q} \cdots (a'_{ir} + a''_{ir}) \cdots a_{nt}$

$= \sum \varepsilon(pq\cdots t) a_{1p} a_{2p} \cdots a'_{ir} \cdots a_{nt}$

§28. 行列式の基本的性質

$$+\sum \varepsilon(pq\cdots t)a_{1p}a_{2p}\cdots a''_{ir}\cdots a_{nt}.$$

この右辺はそれぞれ定理に述べた二つの行列式に等しい. （終）

定理 28.1 によって行と列を交換しても行列式の値は変わらないから上記の定理から次の等式が得られる.

$$(28.4) \quad \begin{vmatrix} a_{11} & a_{12}\cdots, & a'_{1i}+a''_{1i}, & \cdots a_{1n} \\ a_{21} & a_{22}\cdots, & a'_{2i}+a''_{2i}, & \cdots a_{2n} \\ \multicolumn{4}{c}{\cdots\cdots\cdots\cdots\cdots\cdots\cdots\cdots} \\ a_{n1} & a_{n2}\cdots, & a'_{ni}+a''_{ni}, & \cdots a_{nn} \end{vmatrix}$$

$$= \begin{vmatrix} a_{11} & a_{12}\cdots a'_{1i}\cdots a_{1n} \\ a_{21} & a_{22}\cdots a'_{2i}\cdots a_{2n} \\ \cdots\cdots\cdots\cdots\cdots\cdots \\ a_{n1} & a_{n2}\cdots a'_{ni}\cdots a_{nn} \end{vmatrix} + \begin{vmatrix} a_{11} & a_{12}\cdots a''_{1i}\cdots a_{1n} \\ a_{21} & a_{22}\cdots a''_{2i}\cdots a_{2n} \\ \cdots\cdots\cdots\cdots\cdots\cdots \\ a_{n1} & a_{n2}\cdots a''_{ni}\cdots a_{nn} \end{vmatrix}.$$

定理 28.4. 行列式の二つの行または列の元を交換すれば行列式の符号が変わる：

$$(28.5) \quad \begin{vmatrix} a_{11}\cdots \overset{\lambda}{a_{1\mu}}\cdots \overset{\mu}{a_{1\lambda}}\cdots a_{1n} \\ a_{21}\cdots a_{2\mu}\cdots a_{2\lambda}\cdots a_{2n} \\ \cdots\cdots\cdots\cdots\cdots\cdots\cdots \\ a_{n1}\cdots a_{n\mu}\cdots a_{n\lambda}\cdots a_{nn} \end{vmatrix}$$

$$= - \begin{vmatrix} a_{11}\cdots a_{1\lambda}\cdots a_{1\mu}\cdots a_{1n} \\ a_{21}\cdots a_{2\lambda}\cdots a_{2\mu}\cdots a_{2n} \\ \cdots\cdots\cdots\cdots\cdots\cdots\cdots \\ a_{n1}\cdots a_{n\lambda}\cdots a_{n\mu}\cdots a_{nn} \end{vmatrix}.$$

証明. $D=|a_{ij}|=|b_{ij}|$ $(b_{ij}=a_{ji})$ の展開式は

$$\sum \varepsilon(pq\cdots \overset{\lambda}{r}\cdots \overset{\mu}{s}\cdots t)b_{1p}b_{2q}\cdots b_{\lambda r}\cdots b_{\mu s}\cdots b_{nt}$$

$$=\sum \varepsilon(pq\cdots r\cdots s\cdots t)a_{p1}a_{q2}\cdots a_{r\lambda}\cdots a_{s\mu}\cdots a_{tn}.$$

同じようにして式 (28.5) の左辺の行列式 D_1 は

$$D_1 = \sum \varepsilon(pq\cdots r\cdots s\cdots t)a_{p1}a_{q2}\cdots a_{r\mu}\cdots a_{s\lambda}\cdots a_{tn}$$

$$=\sum \varepsilon(pq\cdots s\cdots r\cdots t)a_{p1}a_{q2}\cdots a_{s\mu}\cdots a_{r\lambda}\cdots a_{tn}.$$

最後の等式が成り立つことは，あらゆる置換

$$\begin{pmatrix} 1 & 2 & \cdots & \lambda & \cdots & \mu & \cdots & n \\ p & q & \cdots & r & \cdots & s & \cdots & n \end{pmatrix}$$

について加えることの代りに，記号を変えて

$$\begin{pmatrix} 1 & 2 & \cdots & \lambda & \cdots & \mu & \cdots & n \\ p & q & \cdots & s & \cdots & r & \cdots & n \end{pmatrix}$$

に関する和を求めても和の結果が同じことを意味する．($\sum_{s=1}^{n}\sum_{r=1}^{n}c_{rs} = \sum_{r=1}^{n}\sum_{s=1}^{n}c_{sr}$ と同じ理由による)．

以上から D, D_1 の展開の一般項はいずれも

$$\pm a_{p1}a_{q2}\cdots a_{r\lambda}\cdots a_{s\mu}\cdots a_{tn}$$

となり，その係数はそれぞれ

(28.6) $\qquad \varepsilon(pq\cdots \overset{\lambda}{r}\cdots \overset{\mu}{s}\cdots t)$

および

(28.7) $\qquad \varepsilon(pq\cdots \overset{\lambda}{s}\cdots \overset{\mu}{r}\cdots t)$

である．ところが

$$\begin{pmatrix} p & q & \cdots & r & \cdots & s & \cdots & t \\ 1 & 2 & \cdots & \lambda & \cdots & \mu & \cdots & n \end{pmatrix}\begin{pmatrix} \lambda & \mu \\ \mu & \lambda \end{pmatrix} = \begin{pmatrix} p & q & \cdots & r & \cdots & s & \cdots & t \\ 1 & 2 & \cdots & \mu & \cdots & \lambda & \cdots & n \end{pmatrix}$$

であるから，

$$\operatorname{sgn}\begin{pmatrix} p & q & \cdots & r & \cdots & s & \cdots & t \\ 1 & 2 & \cdots & \lambda & \cdots & \mu & \cdots & n \end{pmatrix} = -\operatorname{sgn}\begin{pmatrix} p & q & \cdots & r & \cdots & s & \cdots & t \\ 1 & 2 & \cdots & \mu & \cdots & \lambda & \cdots & n \end{pmatrix}$$

$$= -\operatorname{sgn}\begin{pmatrix} p & q & \cdots & s & \cdots & r & \cdots & t \\ 1 & 2 & \cdots & \lambda & \cdots & \mu & \cdots & n \end{pmatrix}.$$

ゆえに $\operatorname{sgn}\sigma^{-1} = \operatorname{sgn}\sigma$ なる関係により (28.6)，(28.7) は異符号であることが分る．これで定理が証明された．

定理 28.5. 行列式の一つの行(または列)のすべての元が 0 であれば行列式の値は 0 である．

証明. 定理 3.2 において $\lambda = 0$ と考えればよい．

定理 28.6. 行列式の二つの行(または列)が同じであれば行列式の値は 0 に

等しい.

証明. 行列式の値を D とし，二つの行を交換すれば定理 28.4 により符号を変ずるはずであるが仮定により2行を交換してもはじめの行列式と同じ行列式が得られる．ゆえに
$$D=-D,\ 2D=0,\ D=0.$$

定理 28.7. 行列式の一つの行(または列)の元をすべて c 倍して他の行(または列)に加えても行列式の値は変わらない．

証明. 列の場合について証明する．

$$\begin{vmatrix} a_{11}\cdots a_{1i}\cdots ca_{1i}+a_{1j}\cdots a_{1n} \\ \cdots\cdots\cdots\cdots\cdots\cdots\cdots \\ a_{n1}\cdots a_{ni}\cdots ca_{ni}+a_{nj}\cdots a_{nn} \end{vmatrix}$$

$$=\begin{vmatrix} a_{11}\cdots a_{1i}\cdots ca_{1i}\cdots a_{1n} \\ \cdots\cdots\cdots\cdots\cdots\cdots \\ a_{n1}\cdots a_{ni}\cdots ca_{ni}\cdots a_{nn} \end{vmatrix} + \begin{vmatrix} a_{11}\cdots a_{1i}\cdots a_{1j}\cdots a_{1n} \\ \cdots\cdots\cdots\cdots\cdots\cdots \\ a_{n1}\cdots a_{ni}\cdots a_{nj}\cdots a_{nn} \end{vmatrix}$$

$$=c\begin{vmatrix} a_{11}\cdots a_{1i}\cdots a_{1i}\cdots a_{1n} \\ \cdots\cdots\cdots\cdots\cdots\cdots \\ a_{n1}\cdots a_{ni}\cdots a_{ni}\cdots a_{nn} \end{vmatrix} + |a_{ij}|.$$

前定理によって最後の式の第一項は 0 となるから定理で述べた通り上式は $|a_{ij}|$ に等しい． (終)

以上の諸定理を適宜に用いることによって行列式の計算が楽になる場合が多い．

例題 2. 次の行列式の値を計算せよ：

$$D=\begin{vmatrix} 1 & 2 & -1 & 5 \\ 2 & 3 & 2 & -4 \\ 3 & -10 & -3 & 6 \\ -6 & 5 & 2 & -7 \end{vmatrix}.$$

解． 定理 28.7 により第 1 行の元を第 4 行に加えても行列式の値は変わらない．その結果の行列式において第 2 行の元を第 4 行に加え，さらに第 3 行の元を第 4 行に加えて

$$D=\begin{vmatrix} 1 & 2 & -1 & 5 \\ 2 & 3 & 2 & -4 \\ 3 & -10 & -3 & 6 \\ 0 & 0 & 0 & 0 \end{vmatrix}.$$

したがって定理 28.6 により $D=0$ である．　　　　　　　　　　（終）

例題 3． 次の行列式を因数に分解せよ：

$$D=\begin{vmatrix} 1 & 1 & 1 \\ x & y & z \\ x^2 & y^2 & z^2 \end{vmatrix}.$$

解． D を x, y, z 三変数の整式と考え，x と y を交換すれば二つの行が入れかわるから D は符号を変ずる．同じようにして D は x, y, z の交代式である．また行列式の定義によればその各項は第 1 行，第 2 行，… の各行から選んだ元の積に符号を付けたものであるか D が三次式であることは明らかである．したがってまず D は交代式の定理により差積

$$\Delta=(x-y)(x-z)(y-z)$$

によって割り切れ，Δ が三次式であることから

(28.8) $\qquad\qquad D=c\Delta \qquad (c: \text{定数})$

となることがわかる．c の値を求めるために特に D の対角線の部分 $1 \cdot y \cdot z^2$ の項の係数を比較して $c=-1$ が得られる．以上から

$$D=-\Delta=-(x-y)(x-z)(y-z). \qquad\text{（終）}$$

上と同じようにして一般に次の等式が得られる：

(28.9) $\qquad \begin{vmatrix} 1 & 1 & \cdots & 1 \\ x_1 & x_2 & \cdots & x_n \\ x_1^2 & x_2^2 & \cdots & x_n^2 \\ \multicolumn{4}{c}{\dotfill} \\ x_1^{n-1} & x_2^{n-1} & \cdots & x_n^{n-1} \end{vmatrix} = (-)^{\frac{n(n-1)}{2}} \prod_{i>j}(x_i-x_j).$

§28. 行例式の基本的性質

この行列式のことをヴァンデルモンド(Vandermonde)の行列式という．

例題 4. 次の行列式を計算せよ：

$$D=\begin{vmatrix} -5 & -9 & 3 & 3 \\ 2 & 4 & 5 & 4 \\ -3 & 5 & 7 & -5 \\ 3 & 8 & -4 & 2 \end{vmatrix}.$$

解． 第2行の3倍を第1行に加えて

$$D=\begin{vmatrix} 1 & 3 & 18 & 15 \\ 2 & 4 & 5 & 4 \\ -3 & 5 & 7 & -5 \\ 3 & 8 & -4 & 2 \end{vmatrix} \quad \begin{array}{l}(第2行)+(第1行)\times(-2)\\(第3行)+(第1行)\times 3\\(第4行)+(第1行)\times(-3)\end{array}$$

$$=\begin{vmatrix} 1 & 3 & 18 & 15 \\ 0 & -2 & -31 & -26 \\ 0 & 14 & 61 & 40 \\ 0 & -1 & -58 & -43 \end{vmatrix} \quad \text{§27, 問 3 により}$$

$$=\begin{vmatrix} -2 & -31 & -26 \\ 14 & 61 & 41 \\ -4 & -58 & -43 \end{vmatrix} \quad \begin{array}{l}\text{第1行, 第3行の符号を変えて}\\\text{定理 28.2 により}\end{array}$$

$$=\begin{vmatrix} 2 & 31 & 26 \\ 14 & 61 & 40 \\ 1 & 58 & 43 \end{vmatrix} \quad (第2行)-(第3行)$$

$$=\begin{vmatrix} 2 & 31 & 26 \\ 13 & 3 & -3 \\ 1 & 58 & 43 \end{vmatrix} \quad \begin{array}{l}(第1行)+(第3行)\times(-2)\\(第2行)+(第3行)\times(-13)\end{array}$$

$$=\begin{vmatrix} 0 & -85 & -60 \\ 0 & -751 & -562 \\ 1 & 58 & 43 \end{vmatrix} \quad \begin{array}{l}\text{第3行を第2行と交換，引}\\\text{き続き第1行と交換}\end{array}$$

$$=\begin{vmatrix} 1 & 58 & 43 \\ 0 & -85 & -60 \\ 0 & -751 & -562 \end{vmatrix}$$

$$=\begin{vmatrix} 58 & 60 \\ 751 & 562 \end{vmatrix}=2710.$$

問 1. 次の行列式の値を求めよ：

$$(1)\quad\begin{vmatrix} 1 & 3 & 1 & -2 \\ 4 & -1 & 3 & 4 \\ 0 & 5 & 2 & -1 \\ -2 & 7 & -6 & 5 \end{vmatrix},\qquad (2)\quad\begin{vmatrix} -2 & 1 & 0 & 7 \\ 4 & 3 & -1 & 6 \\ -3 & 1 & 5 & 2 \\ 2 & -2 & 4 & 5 \end{vmatrix}.$$

問 2. 次の行列式は 0 となることを証明せよ：

$$\begin{vmatrix} \sin(\alpha_1+\alpha_1), & \sin(\alpha_1+\alpha_2), & \sin(\alpha_1+\alpha_3) \\ \sin(\alpha_2+\alpha_1), & \sin(\alpha_2+\alpha_2), & \sin(\alpha_2+\alpha_3) \\ \sin(\alpha_3+\alpha_1), & \sin(\alpha_3+\alpha_2), & \sin(\alpha_3+\alpha_3) \end{vmatrix}.$$

(ヒント. $\sin\alpha_i = s_i$, $\cos\alpha_i = c_i$ として三角関数の加法定理を用いよ).

§29. 小 行 列

n 次の行列式 $D=|a_{ij}|$ の (i,j) 元素 a_{ij} を $a(ij)$ とも書くこととする．いま行の番号 i を固定して D の展開式を書き換えれば，

$$(29.1)\quad \begin{aligned} D &= \sum \varepsilon(p_1p_2\cdots p_n)a(1p_1)a(2p_2)\cdots a(np_n) \\ &= \sum_{p_i} a(ip_i) \sum \varepsilon(p_1p_2\cdots p_n)a(p_1)\cdots \overset{*}{a(ip_i)}\cdots a(np_n). \end{aligned}$$

第二の $\sum$ は p_i を固定して他の $p_1, p_2, \cdots, p_n$ を動かしたときの和を意味し，$*$ はその因数を省くことを意味する．

行列式の定義から D から i 行 j 列を取り去った行列式を変形すれば，

$$(29.2)\quad \begin{vmatrix} a_{11} & a_{12} & \cdots & \overset{*}{a_{1j}} & \cdots & a_{1n} \\ a_{21} & a_{22} & \cdots & \overset{*}{a_{2j}} & \cdots & a_{2n} \\ \cdots & \cdots & \cdots & \cdots & \cdots & \cdots \\ \overset{*}{a_{i1}} & \overset{*}{a_{i2}} & \cdots & \overset{*}{a_{ij}} & \cdots & \overset{*}{a_{in}} \\ \cdots & \cdots & \cdots & \cdots & \cdots & \cdots \\ a_{n1} & a_{n2} & \cdots & \overset{*}{a_{nj}} & \cdots & a_{nn} \end{vmatrix}$$
$$= \sum \mathrm{sgn}\begin{pmatrix} 1 & 2 & \cdots & i & \cdots & \overset{*}{j} & \cdots & n \\ p_1 & p_2 & \cdots & \overset{*}{p_i} & \cdots & p_j & \cdots & p_n \end{pmatrix} a(1p_1)a(2p_2)\cdots \overset{*}{a(ip_i)}\cdots a(np_n).$$

この和は p_i は実は存在しないもので

$$p_1, p_2, \cdots, p_{i-1}, p_{i+1}, \cdots, p_n$$

が $1, 2, \cdots, n$ の中の j 以外の値を取ることを示す．したがって，(29.2)におい

§29. 小　行　列

ては $p_i=j$ と考えておけば見易い．いま (29.2) の和を (29.1) の第二の和と比較して見よう．

(29.1) および (29.2) において対応する項

$$a(1p_1)\cdots a(i\overset{*}{p_i})\cdots a(n\,p_n)\quad (p_i=j)$$

の係数を比較して見るとこれらはそれぞれ

(29.3) $\qquad \mathrm{sgn}\begin{pmatrix}1 & 2 & \cdots i & \cdots n\\ p_1 & p_2 & \cdots p_i & \cdots p_n\end{pmatrix}\qquad (p_i=j)$

および

(29.4) $\qquad \mathrm{sgn}\begin{pmatrix}1 & 2 & \cdots\cdots\cdots\overset{*}{j}\cdots n\\ p_1 & p_2 & \cdots \underset{*}{p_i}\cdots\cdots p_n\end{pmatrix}\qquad (p_i=j)$

である．

後者の置換を詳しく書けば

$$\begin{pmatrix}1 & 2 & \cdots & i-1 & i & \cdots & j-1 & j+1 & \cdots & n\\ p_1 & p_2 & \cdots & p_{i-1} & p_{i+1} & \cdots & p_j & p_{j+1} & \cdots & p_n\end{pmatrix}$$

となる．これに (29.3) の置換の逆元

$$\begin{pmatrix}p_1 & p_2 & \cdots & p_i & \cdots & p_n\\ 1 & 2 & \cdots & i & \cdots & n\end{pmatrix}\qquad (p_i=j)$$

を乗じた結果は

$$\begin{pmatrix}1 & 2 & \cdots i-1 & i & i+1 & \cdots j-1 & j & j+1 & \cdots n\\ 1 & 2 & \cdots i-1 & i+1 & i+2 & \cdots j & i & j+1 & \cdots n\end{pmatrix}$$

$$=(i,\,i+1,\,i+2,\cdots,j)$$

で，これは $j-i$ 個の互換

$$(i,i+1),\ (i,i+2),\cdots,(i,j)$$

の積に等しいから (29.3), (29.4) は

(29.5) $\qquad (-1)^{j-i}=(-1)^{j+i-2i}=(-1)^{i+j}$

なる因数によって異なっている．この説明では $j>i$ として論じたが $j\leqq i$ の場合にも同様に論ずることができる．

以上から (29.1) 式の第二の和に

(29.6) $\qquad (-1)^{i+j} \times (29.2)$ 式

を代入することができて

(29.7) $\quad D=|a_{ij}|$

$$= \sum_{j=1}^{n} (-1)^{i+j} a_{ij} \begin{vmatrix} & & * & & \\ a_{11} & \cdots & a_{1j} & \cdots & a_{1n} \\ \cdots & \cdots & \cdots & \cdots & \cdots \\ * & & * & & * \\ a_{i1} & \cdots & a_{ij} & \cdots & a_{in} \\ \cdots & \cdots & \cdots & \cdots & \cdots \\ & & * & & \\ a_{n1} & \cdots & a_{nj} & \cdots & a_{nn} \end{vmatrix}$$

なる展開式が得られる．この展開のことを D の**第 i 行による展開**と呼ぶ．

同じようにして**列による展開**を定義することができる．

行列式 (29.2) を D の $n-1$ 次の**小行列式**と呼び，(29.4) 式で定義された A_{ij} を D の a_{ij} の**余因子**と名づける．

以上によって得られる D の行および列による展開の結果を定理の形に述べれば次のようになる．

定理 29.1. 行列式 D における a_{ij} の余因子を A_{ij} とおけば

(29.8) $\qquad a_{i1}A_{i1} + a_{i2}A_{i2} + \cdots + a_{in}A_{in} = D,$

(29.9) $\qquad a_{1j}A_{1j} + a_{2j}A_{2j} + \cdots + a_{nj}A_{nj} = D,$

(29.10) $\qquad a_{i1}A_{j1} + a_{i2}A_{j2} + \cdots + a_{in}A_{jn} = 0 \quad (i \neq j),$

(29.11) $\qquad a_{1i}A_{1j} + a_{2i}A_{2j} + \cdots + a_{ni}A_{nj} = 0 \quad (i \neq j)$

が成り立つ．

この等式の最後の二つの成り立つのは，たとえば D において i 行と j 行が一致するとき（したがって $D=0$）これを j 行に関して展開すれば，

$$D = 0 = a_{j1}A_{j1} + a_{j2}A_{j2} + \cdots + a_{jn}A_{jn},$$
$$= a_{i1}A_{j1} + a_{i2}A_{j2} + \cdots + a_{in}A_{jn}$$

となることから分る．

例題 1. $n=3$ のとき第 2 行に関して行列式を展開すれば，

$$\begin{vmatrix} a_{11} & a_{12} & a_{13} \\ a_{21} & a_{22} & a_{23} \\ a_{31} & a_{32} & a_{33} \end{vmatrix}$$

§29. 小 行 列

$$= -a_{21}\begin{vmatrix} a_{12} & a_{13} \\ a_{32} & a_{33} \end{vmatrix} + a_{22}\begin{vmatrix} a_{11} & a_{13} \\ a_{31} & a_{33} \end{vmatrix} - a_{23}\begin{vmatrix} a_{11} & a_{12} \\ a_{31} & a_{32} \end{vmatrix}.$$

例題 2. (29.11) の一例として

$$a_1\begin{vmatrix} b_1 & b_2 \\ c_1 & c_2 \end{vmatrix} - b_1\begin{vmatrix} a_1 & a_2 \\ c_1 & c_2 \end{vmatrix} + c_1\begin{vmatrix} a_1 & a_2 \\ b_1 & b_2 \end{vmatrix}$$

$$= \begin{vmatrix} a_1 & a_1 & a_2 \\ b_1 & b_1 & b_2 \\ c_1 & c_1 & c_2 \end{vmatrix} = 0.$$

例題 3. 次の行列式の値を求めよ：

$$D = \begin{vmatrix} 3 & 7 & 4 & 6 \\ 2 & -3 & 5 & -7 \\ -2 & 3 & -3 & 4 \\ 10 & 5 & 6 & 7 \end{vmatrix}.$$

解. 第3行を第2行に加えた後，第2行に関して展開すれば，

$$D = \begin{vmatrix} 3 & 7 & 4 & 6 \\ 0 & 0 & 2 & -3 \\ -2 & 3 & -3 & 4 \\ 10 & 5 & 6 & 7 \end{vmatrix}$$

$$= -2\begin{vmatrix} 3 & 7 & 6 \\ -2 & 3 & 4 \\ 10 & 5 & 7 \end{vmatrix} - 3\begin{vmatrix} 3 & 7 & 4 \\ -2 & 3 & -3 \\ 10 & 5 & 6 \end{vmatrix}.$$

右辺の第一の行列式を第1行目に関して展開してその値を求めれば，

$$\begin{vmatrix} 3 & 7 & 6 \\ -2 & 3 & 4 \\ 10 & 5 & 7 \end{vmatrix} = 3\begin{vmatrix} 3 & 4 \\ 5 & 7 \end{vmatrix} - 7\begin{vmatrix} -2 & 4 \\ 10 & 7 \end{vmatrix} + 6\begin{vmatrix} -2 & 3 \\ 10 & 5 \end{vmatrix}$$

$$= 3(21-20) - 7(-14-40) + 6(-10-30)$$

$$= 141,$$

同様にして

$$\begin{vmatrix} 3 & 7 & 4 \\ -2 & 3 & -3 \\ 10 & 5 & 6 \end{vmatrix} = -190.$$

したがって
$$D = -2 \times 141 - 3(-190) = 288. \qquad (終)$$

行または列に関する展開を一般化して若干の行(または列)に関する**ラプラスの展開**について次に述べる.

D を n 次の行列式とし,この第 $p_1, p_2, \cdots, p_m$ 行と第 $q_1, q_2, \cdots, q_m$ 列を取り去った $n-m$ 次の行列式を $n-m$ 次の**小行列式**と名づけて

$$(29.12) \qquad D\begin{pmatrix} p_1 & p_2 & \cdots & p_m \\ q_1 & q_2 & \cdots & q_m \end{pmatrix}$$

と表わす.これに対して D の第 $p_1, p_2, \cdots, p_m$ 行と第 $q_1, q_2, \cdots, q_m$ の部分のみからなる小行列式を上の小行列に**共役な小行列式**と呼び,

$$(29.13) \qquad \varDelta\begin{pmatrix} p_1 & p_2 & \cdots & p_m \\ q_1 & q_2 & \cdots & q_m \end{pmatrix}$$

と表わすことにする.ここに
$$p_1 < p_2 < \cdots < p_m,$$
$$q_1 < q_2 < \cdots < q_m$$

である.

与えられた行列式 D を展開して

$$(29.14) \qquad D = \sum \mathrm{sgn} \begin{pmatrix} 1 & 2 & \cdots & n \\ r_1 & r_2 & \cdots & r_n \end{pmatrix} a(1 r_1) a(2 r_2) \cdots a(n r_n).$$

一方

$$(29.15) \quad \varDelta\begin{pmatrix} p_1 \cdots p_m \\ q_1 \cdots q_m \end{pmatrix} = \begin{vmatrix} a(p_1 q_1) \cdots a(p_1 q_m) \\ \cdots\cdots\cdots\cdots\cdots\cdots \\ a(p_m q_1) \cdots a(p_m q_m) \end{vmatrix}$$
$$= \sum \mathrm{sgn}\begin{pmatrix} q_1 & \cdots & q_m \\ r_1 & \cdots & r_m \end{pmatrix} a(p_1 r_1) \cdots a(p_m r_m).$$

簡単のため $p_1=1, p_2=2, \cdots, p_m=m$ の場合を考える.$\varDelta$ の展開式と同様にして

$$(29.16) \qquad D\begin{pmatrix} 1 & 2 & \cdots & m \\ q_1 & q_2 & \cdots & q_m \end{pmatrix}$$

$$= \sum \operatorname{sgn}\begin{pmatrix} q_{m+1} \cdots q_n \\ r_{m+1} \cdots r_n \end{pmatrix} a(m+1,\ r_{m+1})\cdots a(n,\ r_n).$$

ここに $q_{m+1},\cdots,q_n$ は $1,2,\cdots,n$ の中の $q_1,q_2,\cdots,q_m$ 以外の数を大きさの順に並べたものである：

$$q_{m+1} < q_{m+2} < \cdots < q_n.$$

以上の展開を比較して

$$D = \sum_q \sum_r \operatorname{sgn}\begin{pmatrix} 1 & 2 & \cdots & n \\ r_1 & r_2 & \cdots & r_n \end{pmatrix} \operatorname{sgn}\begin{pmatrix} q_1 \cdots q_m \\ r_1 \cdots r_m \end{pmatrix} \operatorname{sgn}\begin{pmatrix} q_{m+1} \cdots q_n \\ r_{m+1} \cdots r_n \end{pmatrix}$$

(29.17)
$$\times \operatorname{sgn}\begin{pmatrix} q_1 \cdots q_m \\ r_1 \cdots r_m \end{pmatrix} a(1\,r_1) a(2\,r_2) \cdots a(m\,r_m)$$

$$\times \operatorname{sgn}\begin{pmatrix} q_{m+1} \cdots q_n \\ r_{m+1} \cdots r_n \end{pmatrix} a(m+1,\ r_{m+1}) \cdots a(n\,r_n).$$

この和の意味はまず $q_1,\cdots,q_n$ を固定して，$r_1,\cdots,r_m$ が $q_1,\cdots,q_m$ の順列を動くような和のことである．

$$\operatorname{sgn}\begin{pmatrix} 1 & 2 & \cdots & n \\ r_1 & r_2 & \cdots & r_n \end{pmatrix} \operatorname{sgn}\begin{pmatrix} q_1 \cdots q_m \\ r_1 \cdots r_m \end{pmatrix} \operatorname{sgn}\begin{pmatrix} q_{m+1} \cdots q_n \\ r_{m+1} \cdots r_n \end{pmatrix}$$

$$= \operatorname{sgn}\begin{pmatrix} 1 & 2 & \cdots & n \\ r_1 & r_2 & \cdots & r_n \end{pmatrix} \operatorname{sgn}\begin{pmatrix} r_1 \cdots r_m \\ q_1 \cdots q_m \end{pmatrix} \operatorname{sgn}\begin{pmatrix} r_{m+1} \cdots r_n \\ q_{m+1} \cdots q_n \end{pmatrix}$$

$$= \operatorname{sgn}\begin{pmatrix} 1 & 2 & \cdots & n \\ q_1 & q_2 & \cdots & q_n \end{pmatrix}$$

$$(q_1 < q_2 < \cdots < q_m,\ q_{m+1} < q_{m+2} < \cdots < q_n).$$

一般に

$$\begin{pmatrix} 1 & 2 & \cdots & k & \cdots & l & \cdots & n \\ \cdots & \cdots & a & \cdots & b & \cdots \end{pmatrix} (ab) = \begin{pmatrix} 1 & 2 & \cdots & k & \cdots & l & \cdots & n \\ \cdots & \cdots & b & \cdots & a & \cdots \end{pmatrix}$$

であるから，置換の下の行で二つの文字を交換すれば sgn は -1 倍される．

$$\begin{pmatrix} 1 & 2 & \cdots & m & \cdots \\ q_1 & q_2 & \cdots & q_m & \cdots \end{pmatrix}$$

において $q_m \neq m$ であれば $q_m > m$ であり，q_m を右隣りの文字と交換することを $q_m - m$ 回繰り返して

$$\begin{pmatrix} 1 & 2 & \cdots m \cdots q_m \cdots \\ q_1 & q_2 \cdots\cdots\cdots q_m \cdots \end{pmatrix}$$

のような位置に直したとき sgn は

$$(-1)^{q_m-m}=(-1)^{m+q_m}$$

倍される.以下同様にして

$$\mathrm{sgn}\begin{pmatrix}1 & 2 & \cdots & n \\ q_1 & q_2 & \cdots & q_n\end{pmatrix}=(-1)^{1+2+\cdots+m+q_1+\cdots+q_m}$$

となることが分る.ただし $q_{m+1}<\cdots<q_n$ であるから,$q_1, q_2, \cdots, q_m$ を正常の位置(すなわち $q_1, q_2, \cdots, q_m$ の下の位置)に移せば $q_{m+1}, \cdots, q_n$ も自然に正常の位置に移ることと,その後に得られた置換

$$\begin{pmatrix}1 & 2 & \cdots & n \\ 1 & 2 & \cdots & n\end{pmatrix}$$

の sgn が1であることを用いた.

以上をまとめて (29.17) から

(29.18)
$$D=\sum_{q}(-1)^{1+2+\cdots+m+q_1+\cdots+q_m} \times \varDelta\begin{pmatrix}1 & 2 & \cdots & m \\ q_1 & q_2 & \cdots & q_m\end{pmatrix}D\begin{pmatrix}1 & 2 & \cdots & m \\ q_1 & q_2 & \cdots & q_m\end{pmatrix}.$$

同じように $p_1<p_2<\cdots<p_m$ のような $p_1, p_2, \cdots, p_m$ を固定したとき,$q_1, q_2, \cdots q_m$ を

$$q_1<q_2<\cdots<q_m$$

のように動かせば

(29.19)
$$D=\sum_{q}(-1)^{P+Q}\varDelta\begin{pmatrix}p_1 p_2 \cdots p_m \\ q_1 q_2 \cdots q_m\end{pmatrix}D\begin{pmatrix}p_1 p_2 \cdots p_m \\ q_1 q_2 \cdots q_m\end{pmatrix}$$
$$(P=p_1+p_2+\cdots+p_m,\ Q=q_1+q_2+\cdots+q_m).$$

この公式のことを**ラプラスの展開**と呼ぶ.

例題 4. 次の行列式を簡単にせよ:

$$D=\begin{vmatrix} a_{11} & a_{12} & a_{13} & 0 & 0 \\ a_{21} & a_{22} & a_{23} & 0 & 0 \\ 0 & a_{32} & 0 & a_{34} & a_{35} \\ 0 & a_{42} & 0 & a_{44} & a_{45} \\ 0 & a_{52} & 0 & a_{54} & a_{55} \end{vmatrix}.$$

解. はじめの2行に関して展開すれば

$$\begin{vmatrix} a_{11} & a_{12} \\ a_{21} & a_{22} \end{vmatrix} \begin{vmatrix} 0 & a_{34} & a_{35} \\ 0 & a_{44} & a_{45} \\ 0 & a_{54} & a_{55} \end{vmatrix} - \begin{vmatrix} a_{11} & a_{13} \\ a_{21} & a_{23} \end{vmatrix} \begin{vmatrix} a_{32} & a_{34} & a_{35} \\ a_{42} & a_{44} & a_{45} \\ a_{52} & a_{54} & a_{55} \end{vmatrix}$$
$+\cdots$.

その他の項はいずれかの因子が一つの列が0のみから成っており，それらの行列式の値は0である．上に書いた第一項も0に等しいから

$$D = -\begin{vmatrix} a_{11} & a_{13} \\ a_{21} & a_{23} \end{vmatrix} \begin{vmatrix} a_{32} & a_{34} & a_{35} \\ a_{42} & a_{44} & a_{45} \\ a_{52} & a_{54} & a_{55} \end{vmatrix}.$$

問 1. 次の行列式を適当な行によって展開してその値を求めよ：

$$\begin{vmatrix} -1 & 5 & 6 & 7 \\ 5 & -4 & 2 & -1 \\ 2 & 0 & 0 & 0 \\ 3 & -1 & 4 & 5 \end{vmatrix}.$$

問 2. 次の行列式を簡単にせよ：

$$\begin{vmatrix} a_{11} & a_{12} & a_{13} & a_{14} & a_{15} \\ a_{21} & a_{22} & a_{23} & a_{24} & a_{25} \\ a_{31} & 0 & a_{33} & 0 & 0 \\ a_{41} & 0 & a_{43} & 0 & a_{45} \\ a_{51} & 0 & a_{53} & 0 & 0 \end{vmatrix}.$$

§30. 行列式の積

前に

(30.1) $$A = \begin{bmatrix} a_{11} & a_{12} & \cdots & a_{1n} \\ a_{21} & a_{22} & \cdots & a_{2n} \\ \cdots & \cdots & \cdots & \cdots \\ a_{n1} & a_{n2} & \cdots & a_{nn} \end{bmatrix} = (a_{ij})$$

のように数を並べたものを n 次の行列と呼んだ．$B=(b_{ij})$ を他の行列とし，A と B の積 $AB=C=(c_{ij})$ とは

(30.2) $$c_{ij} = \sum_{r=1}^{n} a_{ir} b_{rj} = a_{i1}b_{1j} + a_{i2}b_{2j} + \cdots + a_{in}b_{nj}$$

を (ij) 元素にもつような行列のことをいう．

これに関して次の定理が成り立つ．

定理 30.1. n 次の行列 A, B の積を AB とすれば AB の行列式は A, B の行列式の積に等しい．すなわち

(30.3) $$|AB|=|A||B|.$$

証明． 次のような行列を n 次の**単位行列**と名づける：

(30.4) $$E=\begin{bmatrix} 1 & & & \\ & 1 & & \\ & & \ddots & \\ & & & 1 \end{bmatrix}\underbrace{}_{n}.$$

ここに元を記入してない部分の元は 0 であるものとする．次に

(30.5) $$\begin{vmatrix} AB & A \\ 0 & E \end{vmatrix}=|A||B|,$$

(30.6) $$\begin{vmatrix} AB & A \\ 0 & E \end{vmatrix}=|AB|$$

の二つの等式を証明する．これらがいえれば定理に述べた等式が成り立つことは明らかである．

まず第一の等式を証明する．便宜上 $n=2$ として

$$\begin{vmatrix} AB & A \\ 0 & E \end{vmatrix} = \begin{vmatrix} a_{11}b_{11}+a_{12}b_{21}, & a_{11}b_{12}+a_{12}b_{22}, & a_{11}, & a_{12} \\ a_{21}b_{11}+a_{22}b_{21}, & a_{21}b_{12}+a_{22}b_{22}, & a_{21}, & a_{22} \\ 0 & 0 & 1 & 0 \\ 0 & 0 & 0 & 1 \end{vmatrix}.$$

第3列の b_{11} を第1列から減じ，第4列の b_{21} から減ずる．第2列と第3,4列についても同様に

$$(\text{第2列})-(\text{第3列})\times b_{12}-(\text{第4列})\times b_{22}$$

なる計算をすることにより

$$\begin{vmatrix} AB & A \\ 0 & E \end{vmatrix} = \begin{vmatrix} 0 & 0 & a_{11} & a_{12} \\ 0 & 0 & a_{21} & a_{22} \\ -b_{11} & -b_{12} & 1 & 0 \\ -b_{21} & -b_{22} & 0 & 1 \end{vmatrix}.$$

はじめの 2 行に関してラプラスの展開を施し，この右辺は
$$\begin{vmatrix} a_{11} & a_{12} \\ a_{21} & a_{22} \end{vmatrix} \begin{vmatrix} b_{11} & b_{12} \\ b_{21} & b_{22} \end{vmatrix} = |A||B|.$$
これで (30.5) 式が証明された.

第二の等式ははじめの n 行に関してラプラスの展開をすることにより直ちに証明される. (終)

たとえば
$$A = \begin{bmatrix} 2 & -2 & 3 \\ 5 & 6 & -1 \\ -3 & 2 & 4 \end{bmatrix}, \quad B = \begin{bmatrix} -1 & 2 & 5 \\ 2 & -3 & 1 \\ 7 & -5 & 2 \end{bmatrix}$$
のとき AB の $(1, 1)$ 元素 $2(-1)+(-2)2+3\cdot 7=15$ 等を計算して
$$AB = \begin{bmatrix} 15 & -5 & 14 \\ 0 & -3 & 29 \\ 35 & -32 & -5 \end{bmatrix}.$$
これらの行列の行列式を計算して
$$|AB| = 10540 = 170 \times 62 = |A||B|.$$

例題 1. $n > 2$ なるとき
$$\begin{vmatrix} \sin\alpha_1 & \cos\alpha_1 & 0 & \cdots & 0 \\ \sin\alpha_2 & \cos\alpha_2 & 0 & \cdots & 0 \\ \multicolumn{5}{c}{\dotfill} \\ \sin\alpha_n & \cos\alpha_n & 0 & \cdots & 0 \end{vmatrix} \cdot \begin{vmatrix} \cos\beta_1 & \cos\beta_2 & \cdots & \cos\beta_n \\ \sin\beta_1 & \sin\beta_2 & \cdots & \sin\beta_n \\ 0 & 0 & \cdots & 0 \\ \multicolumn{4}{c}{\dotfill} \\ 0 & 0 & \cdots & 0 \end{vmatrix}$$
は明らかに 0 に等しいが，積の行列式の (ij) 元素は
$$\sin\alpha_i \cos\beta_j + \cos\alpha_i \sin\beta_j = \sin(\alpha_i + \beta_j).$$
したがって $n > 3$ なるとき
$$\begin{vmatrix} \sin(\alpha_1+\beta_1) & \sin(\alpha_1+\beta_2) & \cdots & \sin(\alpha_1+\beta_n) \\ \sin(\alpha_2+\beta_1) & \sin(\alpha_2+\beta_2) & \cdots & \sin(\alpha_2+\beta_n) \\ \multicolumn{4}{c}{\dotfill} \\ \sin(\alpha_n+\beta_1) & \sin(\alpha_n+\beta_2) & \cdots & \sin(\alpha_n+\beta_n) \end{vmatrix} = 0.$$
(終)

行列式の積の定理をさらに拡張するため一二の準備をする. mn 個の文字を

$$A = \begin{bmatrix} a_{11} & a_{12} & \cdots & a_{1n} \\ a_{21} & a_{22} & \cdots & a_{2n} \\ \multicolumn{4}{c}{\dotfill} \\ a_{m1} & a_{m2} & \cdots & a_{mn} \end{bmatrix}$$

の形に並べたものを (m, n) 型の**長方行列**という．特に今までのように $m=n$ の場合に**正方行列**と呼ぶことがある．(m, n) 型の行列 $A=(a_{ij})$ と (n, p) 型の行列 $B=(b_{ij})$ の**積** $C=AB$ とは $c_{ij}=\sum_r a_{ir}b_{rj}$ を (ij) 元素とする (m, p) 型の（長方）行列のことをいう．

定理 30.2. $A=(a_{ij})$, $B=(b_{ij})$ をそれぞれ (m, n) および (n, m) 型の長方行列とするとき $m<n$ ならば，

$$(30.7) \quad |AB| = \sum_{1 \leq p_1 < p_2 < \cdots < p_n \leq n} \begin{vmatrix} a_{1p_1} & \cdots & a_{1p_n} \\ a_{2p_1} & \cdots & a_{2p_n} \\ \multicolumn{3}{c}{\dotfill} \\ a_{mp_1} & \cdots & a_{mp_n} \end{vmatrix} \begin{vmatrix} b_{p_1 1} & \cdots & b_{p_1 m} \\ b_{p_2 1} & \cdots & b_{p_2 m} \\ \multicolumn{3}{c}{\dotfill} \\ b_{p_n 1} & \cdots & b_{p_n m} \end{vmatrix}.$$

$m>n$ ならば $|AB|=0$ である．

証明． 証明は $m=n$ の場合と同様で $AB=C=(c_{ij})$ とおき

$$(30.8) \quad \begin{vmatrix} C & A \\ 0 & E \end{vmatrix} \quad (E \text{ は } n \text{ 次の単位行列})$$

を計算すれば，この行列式の値は $|C||E|=|C|$ に等しく，他方

（第 1 列）$-$（第 $m+1$ 列）$\times b_{11} - \cdots -$（第 $2m$ 列）$\times b_{m1}$,

（第 2 列）$-$（第 $m+1$ 列）$\times b_{12} - \cdots -$（第 $2m$ 列）$\times b_{m2}$,

$\cdots\cdots\cdots\cdots\cdots\cdots\cdots\cdots\cdots\cdots\cdots\cdots\cdots$

を計算することにより

$$(30.9) \quad \begin{vmatrix} C & A \\ 0 & E \end{vmatrix} = \begin{vmatrix} & & & a_{11} & a_{12} & \cdots & a_{1n} \\ & 0 & & a_{21} & a_{22} & \cdots & a_{2n} \\ & & & \multicolumn{4}{c}{\dotfill} \\ & & & a_{m1} & a_{m2} & \cdots & a_{mn} \\ -b_{11} & \cdots & -b_{1m} & 1 & & & \\ -b_{21} & \cdots & -b_{2m} & & 1 & & \\ \multicolumn{3}{c}{\dotfill} & & & \ddots & \\ -b_{n1} & \cdots & -b_{nm} & & & & 1 \end{vmatrix}.$$

§30. 行列式の積

この右辺を

$$\begin{vmatrix} 0 & A \\ -B & E \end{vmatrix}$$

と書くことにする．これをはじめの m 行についてラプラスの展開を施して定理が証明される．符号の吟味は読者に残すこととして，一例として（$m<n$ の場合）

$$\begin{vmatrix} a_{11} & \cdots & a_{1m} \\ a_{21} & \cdots & a_{2m} \\ a_{m1} & \cdots & a_{mm} \end{vmatrix}$$

に共役な行列（符号は除外視して）は

$$\begin{vmatrix} b_{11} & \cdots\cdots\cdots & b_{1m} & & \\ \cdots & \cdots\cdots\cdots & & 0 & \\ b_{m1} & \cdots\cdots\cdots & b_{mm} & & \\ b_{m+1\,1} & \cdots & b_{m+1\,m} & 1 & \\ \cdots & \cdots\cdots\cdots & & & \ddots \\ b_{n1} & \cdots\cdots\cdots & b_{nm} & & & 1 \end{vmatrix} = \begin{vmatrix} b_{11} & \cdots & b_{1m} \\ \cdots & \cdots & \cdots \\ b_{m1} & \cdots & b_{mm} \end{vmatrix}.$$

すなわち $|AB|$ の展開の一つの項として

$$\begin{vmatrix} a_{11} & \cdots & a_{1m} \\ \cdots & \cdots & \cdots \\ a_{m1} & \cdots & a_{mm} \end{vmatrix} \begin{vmatrix} b_{11} & \cdots & b_{1m} \\ \cdots & \cdots & \cdots \\ b_{m1} & \cdots & b_{mm} \end{vmatrix}$$

が現われる．その他の項についても類似の形をしていることが示されて $m<n$ の場合の証明が終る．

$m>n$ の場合 (30.9) のラプラス展開の結果が 0 となることは一見して明らかである．

例題 2. 上の定理において A, B がそれぞれ $(2, n)$ および $(n, 2)$ 型であるものとして

$$\begin{vmatrix} \sum a_{1r}b_{r1} & \sum a_{1r}b_{r2} \\ \sum a_{2r}b_{r1} & \sum a_{2r}b_{r2} \end{vmatrix}$$

$$= \sum_{p<q} \begin{vmatrix} a_{1p} & a_{1q} \\ a_{2p} & a_{2q} \end{vmatrix} \begin{vmatrix} b_{p1} & b_{p2} \\ b_{q1} & b_{q2} \end{vmatrix}.$$

この特別の場合として

$$\begin{bmatrix} a_1 & a_2 & \cdots & a_n \\ b_1 & b_2 & \cdots & b_n \end{bmatrix} \begin{bmatrix} a_1 & b_1 \\ a_2 & b_2 \\ \cdots & \cdots \\ a_n & b_n \end{bmatrix}$$

$$= \begin{bmatrix} \sum a_i^2 & \sum a_i b_i \\ \sum b_i a_i & \sum b_i^2 \end{bmatrix}$$

ゆえに

(30.10) $\quad \sum a_i^2 \sum b_i^2 - (\sum a_i b_i)^2 = \sum_{p<q} \begin{vmatrix} a_p & a_q \\ b_p & b_q \end{vmatrix}^2.$

ここで文字がすべて実数を表わすものとすればよく知られた不等式

(30.11) $\quad \sum a_i^2 \sum b_i^2 \geqq (\sum a_i b_i)^2$

が得られる．これを**シュワルツ(Schwarz)の不等式**という．

問 1. 行列式の積

$$\begin{vmatrix} 0 & c & b \\ c & 0 & a \\ b & a & 0 \end{vmatrix} \times \begin{vmatrix} 0 & c & b \\ c & 0 & a \\ b & a & 0 \end{vmatrix}$$

を計算して次の等式を証明せよ．

$$\begin{vmatrix} b^2+c^2 & ab & ca \\ ab & c^2+a^2 & bc \\ ca & bc & a^2+b^2 \end{vmatrix} = 4a^2b^2c^2.$$

問 2. 次の不等式を証明せよ．

$$\begin{vmatrix} \sum a_i^2 & \sum a_i b_i & \sum a_i c_i \\ \sum b_i a_i & \sum b_i^2 & \sum b_i c_i \\ \sum c_i a_i & \sum c_i b_i & \sum c_i^2 \end{vmatrix} \geqq 0.$$

ただし文字はすべて実数を表わすものとする．

§31. 連立一次方程式

n 個の変数 $x_1, x_2, \cdots, x_n$ に関する連立一次方程式

(31.1) $\quad \begin{cases} a_{11}x_1 + a_{12}x_2 + \cdots + a_{1n}x_n = b_1, \\ a_{21}x_1 + a_{22}x_2 + \cdots + a_{2n}x_n = b_2, \\ \cdots\cdots\cdots\cdots\cdots\cdots\cdots\cdots\cdots\cdots\cdots, \\ a_{n1}x_1 + a_{n2}x_2 + \cdots + a_{nn}x_n = b_n \end{cases}$

の解法について次に述べる.

まず係数から成る行列 $A=(a_{ij})$ の行列式 $D=|A|$ が 0 でない場合について論ずる. 行列 A における元 a_{ij} の余因子を A_{ij} とすれば,

(31.2) $$\sum_r a_{ri}A_{ri}=D,$$

(31.3) $$\sum_r a_{ri}A_{rj}=0 \quad (i\neq j)$$

であることはすでに証明した通りである. 今 (31.1) の第 r 番目の式

$$\sum_j a_{rj}x_j=b_r$$

に A_{ri} を乗じて r について加えれば,

$$\sum_r A_{ri}\sum_j a_{rj}x_j=\sum_r A_{ri}b_r.$$

この左辺を変形して

$$\sum_j\sum_r A_{ri}a_{rj}x_j$$

とおけば, $j=i$ の項のみが残ることが (31.2), (31.3) から分り, その値は Dx_i に等しい. ゆえに

(31.4) $$Dx_i=\sum_r A_{ri}b_r$$

である. この式の右辺は

(31.5) $$\begin{vmatrix} a_{11} & a_{12} & \cdots & \overset{i}{\smile}\!b_1 & \cdots & a_{1n} \\ a_{21} & a_{22} & \cdots & b_2 & \cdots & a_{2n} \\ \multicolumn{6}{c}{\cdots\cdots\cdots\cdots\cdots\cdots} \\ a_{n1} & a_{n2} & \cdots & b_n & \cdots & a_{nn} \end{vmatrix}$$

を第 i 列について展開したものに等しい. 以上から求める解は

(31.6) $$x_i=\frac{1}{D}\begin{vmatrix} a_{11} & a_{12} & \cdots & \overset{i}{\smile}\!b_1 & \cdots & a_{1n} \\ a_{21} & a_{22} & \cdots & b_2 & \cdots & a_{2n} \\ \multicolumn{6}{c}{\cdots\cdots\cdots\cdots\cdots\cdots} \\ a_{n1} & a_{n2} & \cdots & b_n & \cdots & a_{nn} \end{vmatrix}$$

である. この公式のことを**クラーメル**(Cramer)**の公式**という.

例題 1. $n=3$ のとき連立一次方程式
$$a_{11}x_1+a_{12}x_2+a_{13}x_3=b_1,$$
$$a_{21}x_1+a_{22}x_2+a_{23}x_3=b_2,$$
$$a_{31}x_1+a_{32}x_2+a_{33}x_3=b_3$$

において係数の行列式が0でなければ，その解 x_1, x_2, x_3 は次の公式で与えられる．

$$x_1=\frac{1}{D}\begin{vmatrix} b_1 & a_{12} & a_{13} \\ b_2 & a_{22} & a_{23} \\ b_3 & a_{32} & a_{33} \end{vmatrix}, \quad x_2=\frac{1}{D}\begin{vmatrix} a_{11} & b_1 & a_{13} \\ a_{21} & b_2 & a_{23} \\ a_{31} & b_3 & a_{33} \end{vmatrix},$$

$$x_3=\frac{1}{D}\begin{vmatrix} a_{11} & a_{12} & b_1 \\ a_{21} & a_{22} & b_2 \\ a_{31} & a_{32} & b_3 \end{vmatrix} \qquad (D=|a_{ij}|).$$

例題 2. 次の連立一次方程式を解け：
$$3x-5y+4z=1,$$
$$2x+3y-5z=3,$$
$$-x-2y+2z=-2.$$

解． 係数の行列式 D および前例題の行列式を計算して $D=-21$ および

$$\begin{vmatrix} -1 & -5 & 4 \\ 3 & 3 & -5 \\ 2 & -2 & 2 \end{vmatrix}=28, \quad \begin{vmatrix} 3 & 1 & 4 \\ 2 & 3 & -5 \\ -1 & -2 & 2 \end{vmatrix}=-15, \quad \begin{vmatrix} 3 & -5 & 1 \\ 2 & 3 & 3 \\ -1 & -2 & -2 \end{vmatrix}=-6$$

を得る．したがって

$$x_1=-\frac{28}{21}, \quad x_2=\frac{15}{21}=\frac{5}{7}, \quad x_3=\frac{6}{21}=\frac{2}{7}.$$

次に係数の行列式 D が0の場合について調べよう．

定理 31.1. 連立一次方程式

(31.7) $\quad \begin{cases} a_{11}x_1+a_{12}x_2+\cdots+a_{1n}x_n=0, \\ a_{21}x_1+a_{22}x_2+\cdots+a_{2n}x_n=0, \\ \cdots\cdots\cdots\cdots\cdots\cdots\cdots\cdots\cdots, \\ a_{n1}x_1+a_{n2}x_2+\cdots+a_{nn}x_n=0 \end{cases}$

がすべては0とならない解 $x_1, x_2, \cdots, x_n$ をもつための必要かつ十分な条件は

係数の行列式が 0 となることである．

証明． 等式 (31.4) は D が 0 であってもなくても成立している．いま考察しているのは
$$b_1=0,\ b_2=0,\ \cdots,\ b_n=0$$
の場合であるから (31.4) により
$$Dx_i=0.$$
したがって (31.7) の解 $x_1, x_2, \cdots, x_n$ のどれか一つが 0 でなければ $D=0$ となる．これで $D=0$ が必要条件であることが示された．

次に $D=0$ が十分条件であることを証明する．

すべての係数 a_{ij} が 0 に等しければ任意の x_i が解になるから a_{ij} のいずれか一つが 0 でない場合を考えればよい．たとえば $a_{11} \neq 0$ と仮定する．行列式 D の i 列 $(i=2, 3, \cdots, n)$ に a_{11} を乗じて

$$a_{11}{}^{n-1}D = \begin{vmatrix} a_{11} & a_{11}a_{12} & a_{11}a_{13} & \cdots & a_{11}a_{1n} \\ a_{21} & a_{11}a_{22} & a_{11}a_{23} & \cdots & a_{11}a_{2n} \\ \multicolumn{5}{c}{\cdots\cdots\cdots\cdots\cdots\cdots\cdots\cdots\cdots} \\ a_{n1} & a_{11}a_{n2} & a_{11}a_{n3} & \cdots & a_{11}a_{nn} \end{vmatrix}.$$

次に計算 (第 i 列) $-$ (第 1 列) $\times a_{1i}$ $(i=2, 3, \cdots, n)$ により

(31.8) $$a_{11}{}^{n-1}D = \begin{vmatrix} a_{11} & 0 & 0 & \cdots & 0 \\ a_{21} & b_{22} & b_{23} & \cdots & b_{2n} \\ a_{31} & b_{32} & b_{33} & \cdots & b_{3n} \\ \multicolumn{5}{c}{\cdots\cdots\cdots\cdots\cdots\cdots\cdots} \\ a_{n1} & b_{n2} & b_{n3} & \cdots & b_{nn} \end{vmatrix} = a_{11}|b_{ij}|.$$

ここに
$$b_{ij} = \begin{vmatrix} a_{11} & a_{1j} \\ a_{i1} & a_{ij} \end{vmatrix} = a_{11}a_{ij} - a_{i1}a_{1j}.$$

以上から $n-1$ 次の行列式 $|b_{ij}|$ は
$$|b_{ij}| = a_{11}{}^{n-2}D = 0$$
であるから，帰納法の仮定により

$$b_{22}x_2+b_{23}x_3+\cdots+b_{2n}x_n=0,$$
$$b_{32}x_2+b_{33}x_3+\cdots+b_{3n}x_n=0,$$
$$\cdots\cdots\cdots\cdots\cdots\cdots\cdots\cdots\cdots,$$
$$b_{n2}x_2+b_{n3}x_3+\cdots+b_{nn}x_n=0$$

を満足するようなすべては 0 とならないような解 $x_2, x_3, \cdots, x_n$ が存在する. ゆえに

$$\sum_{j=2}^{n}(a_{11}a_{ij}-a_{i1}a_{1j})x_j=0 \quad (i>1),$$

(31.9) $$a_{i1}\left(-\frac{1}{a_{11}}\sum_{j=2}^{n}a_{1j}x_j\right)+\sum_{j=2}^{n}a_{ij}x_j=0 \quad (i>1).$$

したがって

(31.10) $$x_1=-\frac{1}{a_{11}}\sum_{j=2}^{n}a_{1j}x_j$$

とおけば (31.9) を書き直して

(31.11) $$a_{i1}x_1+a_{i2}x_2+\cdots+a_{in}x_n=0 \quad (i>1)$$

が得られ, (31.10) から

(31.12) $$a_{11}x_1+a_{12}x_2+\cdots+a_{1n}x_n=0.$$

この両者を合わせて定理が証明される. (終)

連立一次方程式 (31.7) がすべては 0 とならない解 $x_1, x_2, \cdots, x_n$ をもつとき, 係数の行列式 $|a_{ij}|=0$ という関係式のことを (31.7) から $x_1, x_2, \cdots, x_n$ **を消去して得られる関係式**という. 後に述べるように解析幾何学において消去による計算が有効になることが多い.

(31.8) 式によれば

(31.13) $$D=\frac{1}{a_{11}{}^{n-2}}|b_{ij}| \quad \left(b_{ij}=\begin{vmatrix}a_{11} & a_{1j}\\ a_{i1} & a_{ij}\end{vmatrix}\right)$$

となるから, n 次の行列式を変形して $n-1$ 次の行列式に変形することができる. 元素が数字で与えられた行列式の計算に (31.13) 式が役立つことがある.

例題 3. 一次方程式

$$Ax+By+Cz=0$$

が $x=1, y=2, z=3$ および $x=1, y=-2, z=4$ を解にもつように係数 A, B, C をえらべ.

解. A, B, C はもちろんすべては 0 とならないものとする. 三つの関係式
$$Ax+By+Cz=0,$$
$$A+2B+3C=0,$$
$$A-2B+4C=0$$
において A, B, C を消去すれば,
$$\begin{vmatrix} x & y & z \\ 1 & 2 & 3 \\ 1 & -2 & 4 \end{vmatrix} = 0.$$
これを第 1 行に関して展開して求める関係式
$$14x-y-4z=0$$
を得る.

例題 4. 平面上の 3 点 $(x_1, y_1), (x_2, y_2), (x_3, y_3)$ を通る円の方程式を求めよ.

解. 円の中心を (a, b), 半径を r とすれば円周上の任意の点 (x, y) から中心までの距離が r であることを式に表わして
$$(x-a)^2+(y-b)^2=r^2,$$
$$x^2-2ax+y^2-2by+(a^2+b^2-r^2)=0$$
a, b, r は問題に与えられていない量であるから消去されるように書き直して
(31.14) $$x^2+y^2+Ax+By+C=0$$
$$(A=-2a,\ B=-2b,\ C=a^2+b^2-r^2).$$
これが $(x_1, y_1), (x_2, y_2), (x_3, y_3)$ の各組によって満足されることから
(31.15) $$\begin{cases} x_1^2+y_1^2+Ax_1+By_1+C=0, \\ x_2^2+y_2^2+Ax_2+By_2+C=0, \\ x_3^2+y_3^2+Ax_3+By_3+C=0. \end{cases}$$
定理 31.1 により 1, A, B, C の係数の行列式を 0 とおいて, 求める円の方程式は

(31.16)
$$\begin{vmatrix} x^2+y^2 & x & y & 1 \\ x_1^2+y_1^2 & x_1 & y_1 & 1 \\ x_2^2+y_2^2 & x_2 & y_2 & 1 \\ x_3^2+y_3^2 & x_3 & y_3 & 1 \end{vmatrix} = 0.$$

例題 5. 公式 (31.13) により次の行列式を求めよ:

$$D = \begin{vmatrix} 0 & -2 & 5 & 7 \\ 1 & 3 & -2 & 3 \\ -2 & 7 & 1 & 4 \\ 3 & 5 & 3 & 6 \end{vmatrix}.$$

解. 第1行と第2行を交換した後, 公式 (31.13) を用いる.

$$D = -\begin{vmatrix} 1 & 3 & -2 & 3 \\ 0 & -2 & 5 & 7 \\ -2 & 7 & 1 & 4 \\ 3 & 5 & 3 & 6 \end{vmatrix} = -\begin{vmatrix} -2 & 5 & 7 \\ 13 & -3 & 10 \\ -4 & 9 & -3 \end{vmatrix}.$$

もう一度同じ公式を用いて

$$D = -\frac{1}{-2}\begin{vmatrix} -59 & -111 \\ 2 & 34 \end{vmatrix} = -892.$$

問 1. 次の連立一次方程式を解け:
$$3x - 4y + 5z = 2,$$
$$2x + 3y - 3z = -1,$$
$$-4x + 2y - 2z = 3.$$

問 2. 平面上の3点 (x_1, y_1), (x_2, y_2), (x_3, y_3) が一直線上にあるための条件は

$$\begin{vmatrix} x_1 & y_1 & 1 \\ x_2 & y_2 & 1 \\ x_3 & y_3 & 1 \end{vmatrix} = 0$$

であることを証明せよ.

問 題 7

1. 次の置換の積を計算せよ:

(1) $\begin{pmatrix} 1 & 2 & 3 & 4 & 5 \\ 5 & 3 & 4 & 2 & 1 \end{pmatrix}\begin{pmatrix} 1 & 2 & 3 & 4 & 5 \\ 5 & 1 & 3 & 2 & 4 \end{pmatrix}$,

(2) $(123)(45)(2345)$.

2. 次の置換を互換の積として表わせ：

(1) $\begin{pmatrix} 1 & 2 & 3 & 4 & 5 \\ 5 & 4 & 2 & 3 & 1 \end{pmatrix}$,　(2) $(1234)(567)$.

3. 次の行列式を計算せよ：

(1) $\begin{vmatrix} -2 & -5 & 4 & 3 \\ -4 & 7 & 5 & 3 \\ 8 & 5 & 4 & -9 \\ 3 & -3 & 2 & -5 \end{vmatrix}$,　(2) $\begin{vmatrix} 4 & -1 & 1 & 5 \\ -3 & 5 & 1 & 2 \\ -2 & 2 & 1 & 1 \\ 2 & 5 & 0 & 1 \end{vmatrix}$.

4. 次の行列式の値を求めよ：

(1) $\begin{vmatrix} a & b & c & d \\ -a & b & c & d \\ -a & -b & c & d \\ -a & -b & -c & d \end{vmatrix}$　(2) $\begin{vmatrix} (b+c)^2 & c^2 & b^2 \\ c^2 & (c+a)^2 & a^2 \\ b^2 & a^2 & (a+b)^2 \end{vmatrix}$.

5. 次の等式を証明せよ：

(1) $\begin{vmatrix} a & b & c & d \\ -b & a & -d & c \\ -c & d & a & -b \\ -d & -c & b & a \end{vmatrix} = (a^2+b^2+c^2+d^2)^2$,

(2) $\begin{vmatrix} 1+a & 1 & 1 & 1 \\ 1 & 1+b & 1 & 1 \\ 1 & 1 & 1+c & 1 \\ 1 & 1 & 1 & 1+d \end{vmatrix} = abcd\left(1+\frac{1}{a}+\frac{1}{b}+\frac{1}{c}+\frac{1}{d}\right)$,

(3) $\begin{vmatrix} a^2+1 & ab & ac & ad \\ ba & b^2+1 & bc & bd \\ ca & cb & c^2+1 & cd \\ da & db & dc & d^2+1 \end{vmatrix} = a^2+b^2+c^2+d^2+1$,

(4) $\begin{vmatrix} 0 & a+b & a+c & a+d \\ a+b & 0 & b+c & b+d \\ a+c & b+c & 0 & c+d \\ a+d & b+d & c+d & 0 \end{vmatrix}$
$= -4abcd\left\{(a+b+c+d)\left(\frac{1}{a}+\frac{1}{b}+\frac{1}{c}+\frac{1}{d}-4\right)\right\}$,

(5) $\begin{vmatrix} (b+c)^2 & ab & ca \\ ab & (c+a)^2 & bc \\ ca & bc & (a+b)^2 \end{vmatrix} = 2abc(a+b+c)^3$.

6. 次の式を因数に分解せよ：

(1) $\begin{vmatrix} 0 & a & b & c \\ a & 0 & c & b \\ b & c & 0 & a \\ c & b & a & 0 \end{vmatrix}$,   (2) $\begin{vmatrix} a^2 & bc & a^2-(b-c)^2 \\ b^2 & ca & b^2-(c-a)^2 \\ c^2 & ab & c^2-(a-b)^2 \end{vmatrix}$.

7. 次の行列式を二つの行列式の積として表わせ．右辺の第二因数はその一つの因数を示すものとする．

(1) $\begin{vmatrix} 2bc-a^2 & c^2 & b^2 \\ 2ca-b^2 & a^2 & c^2 \\ 2ab-c^2 & b^2 & a^2 \end{vmatrix} = A \times \begin{vmatrix} a & b & c \\ c & a & b \\ b & c & a \end{vmatrix}$,

(2) $\begin{vmatrix} x^2+2yz & y^2+2xz & z^2+2xy \\ z^2+2xy & x^2+2yz & y^2+2xz \\ y^2+2xz & z^2+2xy & x^2+2yz \end{vmatrix} = A \times \begin{vmatrix} x & z & y \\ z & y & x \\ y & x & z \end{vmatrix}$.

8. $ax^2+bx+c=0$, $x^3=1$ が共通根をもてば，

$$\begin{vmatrix} a & b & c \\ b & c & a \\ c & a & b \end{vmatrix} = 0$$

であることを証明せよ．

9. 三つの直線

$$A_1x+B_1y+C_1=0,$$
$$A_2x+B_2y+C_2=0,$$
$$A_3x+B_3y+C_3=0$$

が一点に会するための条件を求めよ．

10. 次の行列式の値をはじめの3行に関して展開することによって求めよ：

$$\begin{vmatrix} 2 & 1 & 0 & 4 & 5 \\ 3 & 3 & 0 & -1 & -1 \\ 4 & 2 & 0 & 3 & 6 \\ 0 & 0 & 5 & 4 & 0 \\ 0 & 1 & 2 & 6 & 0 \end{vmatrix}.$$

11. 次の連立一次方程式を解け：

$$x-3y+2z=2,$$
$$-2x+y-z=3,$$
$$3x-2y+3z=-2.$$

第8章 ベクトル空間

§32. 平面上のベクトル

前に第2章において平面上のベクトルの定義を与えた．すなわちベクトルとは向きのついた線分(これを**有向線分**と名づける)のことで，二つの有向線分が平行であってしかもその向きが同じであるときに，これらの有向線分により定義されるベクトルは同じベクトルであると考える．点Pから点Qの方向へのベクトルを $\overrightarrow{PQ}$ と表わし，Pを**始点**，Qを**終点**と呼ぶ．以上の定義によれば原点を始点として与えられたベクトル $\overrightarrow{PQ}$ に等しいベクトル $\overrightarrow{OR}$ が存在することは明らかである．このベクトルの終点Rの座標 (a_1, a_2) のことを，はじめに与えられた**ベクトルの座標**という．

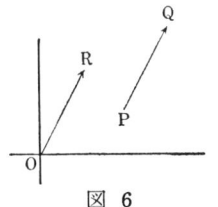

図 6

座標 a_1, a_2 のことをおのおのベクトルの**成分**と呼ぶ．座標および成分ははじめに与えられた座標軸によって定まるから，他の座標軸を定めればそれらは異なる値を採る．ベクトル $\overrightarrow{OR}$ はRによって定まるから，またRの座標 (a_1, a_2) によっても定まる．この意味で記号 (a_1, a_2) そのものをベクトル $\overrightarrow{OR}$ に等しいものと約束する．

第2章においては複素数 a_1+a_2i がベクトル (a_1, a_2) によって表わされるものと考えた．二つの複素数 a_1+a_2i, b_1+b_2i の和は演算

$$(a_1+a_2i)+(b_1+b_2i)=(a_1+a_2)+(b_1+b_2)i$$

によって定義した．**ベクトルの和**についても同じように

(32.1) $$(a_1, a_2)+(b_1, b_2)=(a_1+a_2, b_1+b_2)$$

と定義する．したがってベクトルの和に関して

(32.2) $$(a_1, a_2)+(b_1, b_2)=(b_1, b_2)+(a_1, a_2)$$

(交換の法則)

および

(32.3) $$\{(a_1, a_2)+(b_1, b_2)\}+(c_1, c_2)$$

$$= (a_1, a_2) + \{(b_1, b_2) + (c_1, c_2)\}$$
（結合の法則）

が成り立つ.

c を任意の数とするとき (ca_1, ca_2) のことを $c(a_1, a_2)$ と表わして，これをベクトル (a_1, a_2) の c 倍と呼び，このような演算のことを**スカラー乗法**という．定義により

(32.4) $\qquad c(a_1, a_2) = (ca_1, ca_2).$

終点Rが原点であるようなベクトル $(0, 0)$ を**零ベクトル**と呼び，簡単のためこのベクトルのことを 0 と表わす：

(32.5) $\qquad 0 = (0, 0)$

零ベクトルに関しては

(32.6) $\qquad (0, 0) + (a_1, a_2) = (a_1, a_2)$

が成り立つ.

ベクトル (a_1, a_2) の -1 倍 $(-1)(a_1, a_2)$ のことを $-(a_1, a_2)$ と表わす．したがって

(32.7) $\qquad -(a_1, a_2) = (-a_1, -a_2).$

幾何学的に表わせば (a_1, a_2) と $-(a_1, a_2)$ は平行でかつ向きが反対であるような同じ長さの有向線分によって表わされる．

平面上のベクトルをギリシャ文字 $\alpha, \beta, \cdots$ などで表わすことにすれば，今までにあげた定義からベクトルの間の演算が幾何学的には次の図によって示されることが分る.

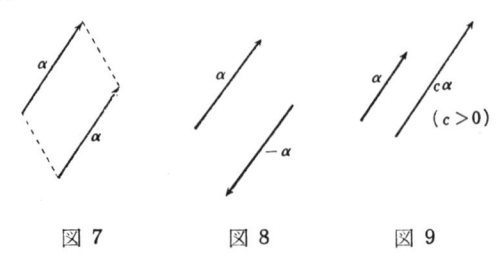

図7　　　図8　　　図9

§32. 平面上のベクトル

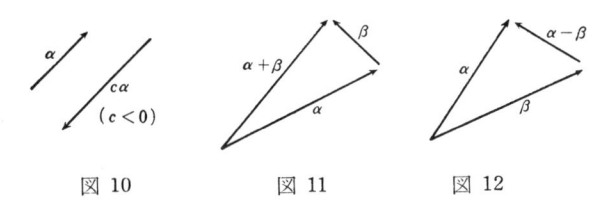

図 10　　図 11　　図 12

以上のような演算の他に二つのベクトル (a_1, a_2), (b_1, b_2) の**スカラー積**(または**内積**)を式

(32.7) $$(a_1, a_2)(b_1, b_2) = a_1 b_1 + a_2 b_2$$

によって定義する. 特に二つのベクトルが一致した場合上の関係を

(32.8) $$(a_1, a_2)^2 = a_1{}^2 + a_2{}^2$$

と書く. 複素数の場合と同じように

$$\sqrt{a_1{}^2 + a_2{}^2}$$

のことを**ベクトルの長さ**と呼ぶ. ベクトル α の長さのことを $|\alpha|$ と表わす. したがって (32.8) を書き直して

(32.9) $$\alpha^2 = |\alpha|^2$$

と書くことができる.

α, β の内積のことをまた (α, β) とも表わすことにする. この記号によれば (32.8) は $(\alpha, \alpha) = a_1{}^2 + a_2{}^2$, (32.9) は $(\alpha, \alpha) = |\alpha|^2$ と書くことができる.

内積に関する公式を次に列挙する. これらはいずれも定義から容易に証明されるものである.

(32.10) $$(\alpha, \beta) = (\beta, \alpha),$$

(32.11) $$(\alpha_1 + \alpha_2, \beta) = (\alpha_1, \beta) + (\alpha_2, \beta),$$

(32.12) $$(\alpha, \beta_1 + \beta_2) = (\alpha, \beta_1) + (\alpha, \beta_2),$$

(32.13) $$(a\alpha, b\beta) = ab(\alpha, \beta)$$
$$(a, b \text{ は数}),$$

(32.14) $$|\alpha|^2 = (\alpha, \alpha).$$

定理 32.1. α, β を任意の二つのベクトルとするとき

(32.15) $$|\alpha - \beta|^2 = |\alpha|^2 + |\beta|^2 - 2(\alpha, \beta)$$

証明. 上記の公式により左辺を変形すれば

$$|\alpha-\beta|^2=(\alpha-\beta,\alpha-\beta)=(\alpha,\alpha-\beta)-(\beta,\alpha-\beta)$$
$$=(\alpha,\alpha)-(\alpha,\beta)-(\beta,\alpha)+(\beta,\beta)$$
$$=|\alpha|^2-2(\alpha,\beta)+|\beta|^2$$
$$=|\alpha|^2+|\beta|^2-2(\alpha,\beta).$$

定理 32.2. 二つのベクトル α, β のなす角を θ とすれば,

(32.16) $$\cos\theta=\frac{(\alpha,\beta)}{|\alpha||\beta|}.$$

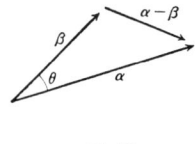

図 13

証明. ベクトル $\alpha, \beta, \alpha-\beta$ は今まで述べた所により三角形の3辺を形成している. この三角形の3辺の長さを $a=|\alpha|, b=|\beta|, c=|\alpha-\beta|$ とおけば, 三角形の余弦定理により

$$c^2=a^2+b^2-2ab\cos\theta.$$

これを書き直して

$$|\alpha-\beta|^2=|\alpha|^2+|\beta|^2-2|\alpha||\beta|\cos\theta.$$

この式と前定理から (32.16) 式が得られる.   (終)

上の公式から直ちに

定理 32.3. 二つのベクトルが直交するための必要かつ十分な条件はその内積 (α, β) が 0 となることである.

例題 1. α, β, γ を三つのベクトルとすれば $(\alpha, \beta-\gamma)=0$, $(\gamma-\alpha, \beta)=0$ ならば $(\gamma, \alpha-\beta)=0$ が成り立つ.

解. $(\gamma, \alpha-\beta)=(\gamma,\alpha)-(\gamma,\beta)$ であるが一方

$$0=(\alpha,\beta-\gamma)=(\alpha,\beta)-(\alpha,\gamma),$$
$$0=(\gamma-\alpha,\beta)=(\gamma,\beta)-(\alpha,\beta)$$

であるから,

$$(\gamma,\alpha)-(\gamma,\beta)=(\alpha,\beta)-(\alpha,\beta)=0. \qquad (終)$$

この例題の幾何学的意味は次の通りである. すなわち α, β, γ を原点を始点とするベクトルとすれば, これらのベクトルの終点とする三角形の3辺を表

わすベクトルは $\beta-\gamma$, $\gamma-\alpha$, $\alpha-\beta$ で，例題の結果により三角形の二つの頂点から対辺への垂線の交点を O とすれば，第三の頂点から対辺への垂線は O を過ぎる.

例題 2. 三角形の重心は外心と垂心を結ぶ線分を $1:2$ に内分する.

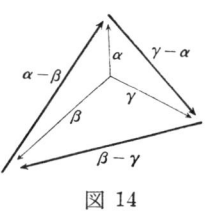

図 14

解. 前題のように原点を垂心とし，三角形の頂点を表わすベクトルを α, β, γ とすれば

$$(\alpha, \beta-\gamma)=0, \quad (\beta, \gamma-\alpha)=0, \quad (\gamma, \alpha-\beta)=0.$$

したがって

$$(\alpha,\beta)=(\alpha,\gamma), \quad (\beta,\gamma)=(\beta,\alpha), \quad (\gamma,\alpha)=(\gamma,\beta).$$

重心の座標は

$$\frac{1}{3}(\alpha+\beta+\gamma)$$

である．このベクトルの $\dfrac{3}{2}$ 倍を δ とおけば，

$$\delta=\frac{1}{2}(\alpha+\beta+\gamma).$$

δ と α との距離の平方 $(\delta-\alpha, \delta-\alpha)$ が $(\delta-\beta, \delta-\beta)$ に等しいことを次に示す.

$$(\delta-\alpha, \delta-\alpha) = (\delta, \delta) - 2(\alpha, \delta) + (\alpha, \alpha).$$

しかるに $(\alpha,\beta)=(\alpha,\gamma)$ であるから

$$2(\alpha, \delta) = (\alpha, \alpha+\beta+\gamma) = (\alpha,\alpha)+(\alpha,\beta)+(\alpha,\gamma)$$
$$= (\alpha,\alpha)+2(\alpha,\beta).$$

これを上式に代入して

$$(\delta-\alpha, \delta-\alpha) = (\delta, \delta) - 2(\alpha, \beta).$$

同じようにして

$$(\delta-\beta, \delta-\beta) = (\delta, \delta) - 2(\beta, \alpha)$$

であるから両者は等しく $|\delta-\alpha|=|\delta-\beta|$. 同理によってこれらの値は $|\delta-\gamma|$

に等しく，δ が外心であることが分った．以上から垂心，重心，外心を表わすベクトルがそれぞれ

$$0, \quad \frac{1}{3}(\alpha+\beta+\gamma), \quad \frac{1}{2}(\alpha+\beta+\gamma)$$

であることが示されて例題の主張が証明された．　　　　　　　　（終）

問 1. 内心と垂心が一致する三角形は正三角形である．

問 2. △ABC の外心を O，垂心を H，辺 BC の中点を M とするとき AH＝2OM なることを証明せよ．

問 3. 次の等式を証明せよ：
$$|\alpha+\beta|^2+|\alpha-\beta|^2=2|\alpha|^2+2|\beta|^2.$$

§33. 空間のベクトル

与えられた空間において一点 O を固定し，O において互いに直交する直線を OX, OY, OZ とする．空間の一点 P から YOZ 平面に下した垂線の足を R とするとき，$\overrightarrow{RP}$ が OX と同じ向きであれば P の x 座標は PR の長さに等しく，$\overrightarrow{RP}$ が OX と逆の向きであれば P の x 座標は $-$PR であるものとする．同じようにして P の座標 (x, y, z) を導入することができる．このようにして空間においても座標を利用して解析幾何学を組み立てることができる．

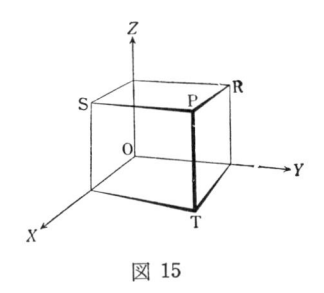

図 15

ベクトルの概念も平面の場合と同様で，有向線分 $\overrightarrow{PQ}$ およびこれと同じ向きの同じ長さの有向線分はベクトルとしては同じものと考える．原点を始点とするベクトルの終点の座標 (a_1, a_2, a_3) によってベクトルはただ一つだけ定まるから (a_1, a_2, a_3) がベクトルを表わしているものと考えてもよい．$\alpha=(a_1, a_2, a_3)$, $\beta=(b_1, b_2, b_3)$ の内積は次の式によって定義する：

$$(\alpha, \beta)=a_1b_1+a_2b_2+a_3b_3.$$

特に XY 平面上にあるベクトルについては Z 座標は 0 に等しいから，

§33. 空間のベクトル

$$\alpha=(a_1,a_2,0), \quad \beta=(b_1,b_2,0)$$

の内積は

$$(\alpha,\beta)=a_1b_1+a_2b_2$$

となり，x, y 座標だけについて取り扱った前節の定義と一致している．

空間の二つのベクトル α, β のなす角を θ とするとき，平面の場合と同じように

$$\cos\theta=\frac{(\alpha,\beta)}{|\alpha||\beta|}$$

が成立する．これはそれら二つのベクトルを含む平面の上に X, Y の両軸をえらんでおけば内積その他の定義が平面の場合に一致するからである．

その他ベクトルの和，スカラー乗法などの意味や性質は平面の場合と全く同様である．

例題 1. $\alpha, \beta, \gamma, \delta$ は四つの長さの等しいベクトルとする．ベクトル $\frac{1}{2}(\alpha+\beta)-\frac{2}{4}(\alpha+\beta+\gamma+\delta)=-\frac{1}{2}(\gamma+\delta)$ はベクトル $\gamma-\delta$ と直交することを示せ．

解． 乗数 $-\frac{1}{2}$ は省略して $\gamma+\delta$ が $\gamma-\delta$ と直交することを示せばよい．

$$(\gamma+\delta, \gamma-\delta)=(\gamma,\gamma)+(\delta,\gamma)-(\gamma,\delta)-(\delta,\delta)$$
$$=|\gamma|^2-|\delta|^2.$$

しかるに $|\gamma|=|\delta|$ であるから上式の右辺は 0 に等しい． (終)

この例題の幾何学的の意味は次の通りである．$|\alpha|=|\beta|=|\gamma|=|\delta|$ は原点 O が外心であることを意味し，$\frac{1}{4}(\alpha+\beta+\gamma+\delta)$ は重心を示す．$\frac{2}{4}(\alpha+\beta+\gamma+\delta)$ は OG を 2 倍に延長した点 H を示し，例題に証明したことから（A, B, C, D を $\alpha, \beta, \gamma, \delta$ に相当する点にすれば），A, B の中点 M

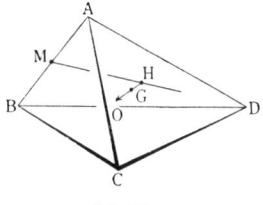

図 16

と H を結ぶ直線は AB の対辺 CD（ベクトルでいえば $\delta-\gamma$）と直交することが分る．

問 1. 空間における四面体 ABCD の各辺の中点を対辺の中点に結ぶ直線はすべて ABCD の重心 G を通る.

問 2. ベクトルに関する不等式
$$|\alpha+\beta| \leqq |\alpha|+|\beta|$$
をベクトルの成分で書き表わしてこれを証明せよ.

§34. n 次元のベクトル空間, 一次従属性

以上に述べたことから容易に類推されるようにベクトルの概念を次のように一般化することができる. すなわち n 個の成分 $a_1, a_2, \cdots, a_n$ から成る組 $\alpha = (a_1, a_2, \cdots, a_n)$ のことを **n 次元のベクトル** と名づけ, これらのベクトルの和, **スカラー乗法**, **内積**, **絶対値** などはすべて $n=2, 3$ の場合と同様に次の式によって定義する:

$$(a_1, a_2, \cdots, a_n) + (b_1, b_2, \cdots, b_n)$$
$$= (a_1+b_1, a_2+b_2, \cdots, a_n+b_n) \quad (\text{ベクトルの和}),$$
$$c(a_1, a_2, \cdots, a_n) = (ca_1, ca_2, \cdots, ca_n) \quad (\text{スカラー乗法}),$$
$$(\alpha, \beta) = a_1 b_1 + a_2 b_2 + + a_n b_n \quad (\text{内積}),$$
$$|\alpha| = \sqrt{a_1^2 + a_2^2 + \cdots + a_n^2} \quad (\text{絶対値}).$$

このような n 個の成分をもつベクトルの全体のことを **n 次元のベクトル空間** と名づけ V^n と表わすことにする.

$\alpha_1, \alpha_2, \cdots, \alpha_m$ を m 個のベクトルとするとき,
$$c_1 \alpha_1 + c_2 \alpha_2 + \cdots + c_m \alpha_m$$
の形のベクトルのことを $\alpha_1, \alpha_2, \cdots \alpha_m$ の **一次結合** という. もし $c_1, c_2, \cdots, c_m$ がすべては 0 でない数で

(34.1) $$c_1 \alpha_1 + c_2 \alpha_2 + \cdots + c_m \alpha_m = 0$$

のような関係式が成り立つとき, この関係式のことを **一次関係式** といい, $\alpha_1, \alpha_2, \cdots, \alpha_m$ は **一次従属** であるという.

例題 1. $n=2$ のとき α_1, α_2 が一次従属であれば,
$$c_1 \alpha_1 + c_2 \alpha_2 = 0.$$
ここに c_1, c_2 のいずれか一つは 0 でない. たとえば $c_1 \neq 0$ とすれば,

§34. n 次元のベクトル空間, 一次従属性

$$\alpha_1 = -\frac{c_2}{c_1}\alpha_2.$$

すなわち一つのベクトルは他のベクトルのスカラー倍となる.

例題 2. $\alpha_1, \alpha_2, \alpha_3$ が一次従属であれば,
$$c_1\alpha_1 + c_2\alpha_2 + c_3\alpha_3 = 0.$$
係数の中でたとえば $c_1 \neq 0$ であるものとして
$$\alpha_1 = -\frac{c_2}{c_1}\alpha_2 - \frac{c_3}{c_1}\alpha_3.$$
したがって一つのベクトルが他のベクトルの一次結合として表わされる.

同じようにして,

定理 34.1. $\alpha_1, \cdots, \alpha_m$ が一次従属であれば, いずれか一つのベクトルは他のベクトルの一次結合として表わされる.

$\alpha_1, \alpha_2, \cdots, \alpha_m$ が一次従属でないことを $\alpha_1, \alpha_2, \cdots, \alpha_m$ が**一次独立**であるという. すなわち $\alpha_1, \alpha_2, \cdots, \alpha_m$ が一次独立であるというのは
$$c_1\alpha_1 + c_2\alpha_2 + \cdots + c_m\alpha_m = 0$$
のような関係があれば $c_1 = c_2 = \cdots = c_m = 0$ となることをいう.

定理 34.2. n 次元ベクトル空間 V^n には n 個の一次独立なベクトルが存在する. V^n の $n+1$ 個のベクトルは必ず一次従属である.

証明. $\varepsilon_1, \varepsilon_2, \cdots \varepsilon_n$ を V^n の**基本ベクトル**とする. すなわち
$$\varepsilon_1 = (1, 0, 0, \cdots, 0),$$
$$\varepsilon_2 = (0, 1, 0, \cdots, 0),$$
$$\varepsilon_3 = (0, 0, 1, \cdots, 0),$$
$$\cdots\cdots\cdots\cdots\cdots,$$
$$\varepsilon_n = (0, 0, 0, \cdots, 1).$$

これらの間にもし
$$c_1\varepsilon_1 + c_2\varepsilon_2 + \cdots + c_n\varepsilon_n = 0$$
のような関係式が成り立てば, この式の左辺は
$$(c_1, c_2, \cdots, c_n)$$

であるから, $c_1=0, c_2=0, \cdots, c_n=0$. したがって $\varepsilon_1, \varepsilon_2, \cdots, \varepsilon_n$ は一次独立である.

次に $\alpha_1, \alpha_2, \cdots, \alpha_{n+1}$ を $n+1$ 個のベクトルとし, α_i の成分を $a_{i1}, a_{i2}, \cdots, a_{in}$ とする. いま連立方程式

$$(34.2) \quad \begin{cases} a_{11}x_1+a_{21}x_2+\cdots+a_{n+1,1}x_{n+1}=0, \\ a_{12}x_1+a_{22}x_2+\cdots+a_{n+1,2}x_{n+1}=0, \\ \cdots\cdots\cdots\cdots\cdots\cdots\cdots\cdots\cdots\cdots, \\ a_{1n}x_1+a_{2n}x_2+\cdots+a_{n+1,n}x_{n+1}=0 \end{cases}$$

を考える. さらに $a_{i,n+1}=0$ として

$$a_{1,n+1}x_1+a_{2,n+1}x_2+\cdots+a_{n+1,n+1}x_{n+1}=0$$

を上記の連立方程式 (34.2) と合せて考えれば係数の行列式は

$$\begin{vmatrix} a_{11} & a_{21} & \cdots & a_{n+1,1} \\ a_{12} & a_{22} & \cdots & a_{n+2,2} \\ \cdots\cdots\cdots\cdots\cdots\cdots\cdots \\ a_{1n} & a_{2n} & \cdots & a_{n+1,n} \\ 0 & 0 & \cdots & 0 \end{vmatrix} = 0.$$

したがって第7章定理 31.1 によりすべては0でない解 $x_1=c_1, x_2=c_2, \cdots, x_{n+1}=c_{n+1}$ が存在する. この c_i に対して一次結合

$$(34.3) \quad c_1\alpha_1+c_2\alpha_2+\cdots+c_{n+1}\alpha_{n+1}$$

の第 i 成分は

$$c_1a_{1i}+c_2a_{2i}+\cdots+c_{n+1}a_{n+1,i}$$

であるから (34.2) の第 i 式により0となる. したがって (34.3) は零ベクトルとなり, $\alpha_1, \alpha_2, \cdots, \alpha_{n+1}$ が一次従属であることが示された.

例題 3. $\alpha_1=(1,2,1,-1), \alpha_2=(-1,1,2,-3), \alpha_3=(-1,4,5,-7)$ の中で一次独立なものの最大の個数は何個か.

解. まず

$$c_1\alpha_1+c_2\alpha_2+c_3\alpha_3=(b_1,b_2,b_3,b_4)$$

が零ベクトルとなるような c_1, c_2, c_3 を求める.

(34.4)
$$\begin{cases} b_1 = c_1 - c_2 - c_3 = 0, \\ b_2 = 2c_1 + c_2 + 4c_3 = 0, \\ b_3 = c_1 + 2c_2 + 5c_3 = 0, \\ b_4 = -c_1 - 3c_2 - 7c_3 = 0. \end{cases}$$

はじめの二つの式において $c_3=1$ とおいて解けば，$c_1=-1$，$c_2=-2$，$c_3=1$. これを他の2式に代入してこれらが満足されていることを験することができる．したがって

$$-\alpha_1 - 2\alpha_2 + \alpha_3 = 0.$$

すなわち α_1，α_2，α_3 は一次従属である．他方 α_1，α_2 が一次従属であるとすれば

$$c_1\alpha_1 + c_2\alpha_2 = 0$$

のような c_1，c_2 が存在する．これは前の式で $c_3=0$ の場合と考えて (34.4) から

$$\begin{aligned} c_1 - c_2 &= 0, \\ 2c_1 + c_2 &= 0, \\ c_1 + 2c_2 &= 0, \\ -c_1 - 3c_2 &= 0. \end{aligned}$$

したがって $c_1 = c_2 = 0$ となり，α_1，α_2 が一次独立であることが証明された．以上から α_1，α_2，α_3 の中で一次独立なものの最大の個数は2個である．

（終）

問 1. $\alpha_1 = (2, -1, 1, 3)$，$\alpha_2 = (1, 2, -1, 2)$，$\alpha_3 = (3, -1, -2, 4)$，$\alpha_4 = (7, 2, -3, 11)$ の中で一次独立なベクトルの最大個数を求めよ．

問 2. $\alpha = c_1\alpha_1 + c_2\alpha_2$ $(c_1 + c_2 = 1)$ であれば α，α_1，α_2 は一つの直線上にあることを示せ．ただしベクトル α，α_1，α_2 の始点はいずれも原点であるものとする．

§35. 部分空間

V^n を n 次元ベクトル空間とするとき，V^n の W が次の条件を満足するときに W は V^n の**線型部分空間**であるという：

(1) ベクトル α, β が W に属しているならば $\alpha+\beta$ も W に属している.

(2) α が W に属するならばその c 倍 $c\alpha$ も W に属する.

たとえば原点を始点とするベクトルのみを考えたとき V^3 の中で原点を過ぎる一つの平面上にあるベクトルの全体は線型部分空間を形成している. 以下簡単のために線型部分空間を**部分空間**と呼ぶ.

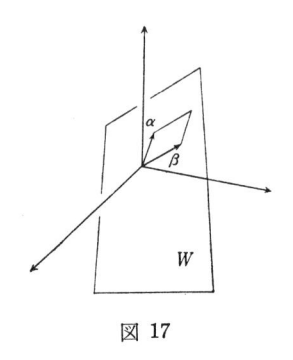

部分空間の中に存在する一次独立なベクトルの最大数 r のことをその空間 W の次元と呼び $\dim W=r$ と表わす. 今 $\alpha_1, \alpha_2, \cdots, \alpha_r$ を W に含まれる一次独立なベクトルとする. α を W に含まれる任意のベクトルとすれば仮定により $\alpha, \alpha_1, \alpha_2, \cdots, \alpha_r$ は一次従属であるから

図 17

(35.1) $$c\alpha+c_1\alpha_1+c_2\alpha_2+\cdots+c_r\alpha_r=0$$

なる関係式が成立する. ここに $c, c_1, c_2, \cdots c_r$ はすべては0とならない数である. もし c が 0 であれば上の関係式は

$$c_1\alpha_1+c_2\alpha_2+\cdots+c_r\alpha_r=0$$

となり, $c_1, c_2, \cdots c_r$ のいずれかは 0 でないから $\alpha_1, \alpha_2, \cdots, \alpha_r$ が一次従属となって仮定に背く. したがって $c \neq 0$ でなければならない. すなわち (35.1) から

$$\alpha=-\frac{c_1}{c}\alpha_1-\frac{c_2}{c}\alpha_2-\cdots-\frac{c_r}{c}\alpha_r$$

となって, W の任意のベクトルが $\alpha_1, \alpha_2, \cdots, \alpha_r$ の一次結合であることが示された. 以上を定理の形にまとめて

定理 35.1. V^n の部分空間 W の次元が r で, W の元 $\alpha_1, \alpha_2, \cdots, \alpha_r$ が一次独立であれば, W の任意のベクトル α は $\alpha_1, \alpha_2, \cdots, \alpha_r$ の一次結合である.

この定理に述べられた事実のことを W が $\alpha_1, \alpha_2, \cdots, \alpha_r$ によって**張られる** (または**生成される**) という. $\alpha_1, \alpha_2, \cdots, \alpha_r$ のことを W の (一組の) **底**という.

§35. 部 分 空 間

底のとり方はただ一通りではない．一般に $\alpha_1, \alpha_2, \cdots, \alpha_r$ が一次独立でない場合にもこれらの一次結合の全体の作る部分空間のことをこれらのベクトルによって張られる部分空間という．このような一般の場合には r 個のベクトルによって張られる部分空間の次元は r 以下で，常に r に等しくなるとは限っていない．

例題 1. 次のベクトルの張る部分空間の次元を求めよ：
$$\alpha_1=(1,1,0,0), \qquad \alpha_2=(1,2,0,3),$$
$$\alpha_3=(-1,2,-3,4), \quad \alpha_4=(3,9,-3,13).$$

解． $c_1\alpha_1+c_2\alpha_2+c_3\alpha_3+c_4\alpha_4$ の成分を b_1, b_2, b_3, b_4 とすれば，
$$b_1=c_1+\ c_2-\ c_3+\ 3c_4,$$
$$b_2=c_1+2c_2+2c_3+\ 9c_4,$$
$$b_3=\qquad\qquad -3c_3-\ 3c_4,$$
$$b_4=\qquad 3c_2+4c_3+13c_4,$$
これらをすべて 0 に等しいとおいて得られる連立方程式の係数の行列式は
$$\begin{vmatrix} 1 & 1 & -1 & 3 \\ 1 & 2 & 2 & 9 \\ 0 & 0 & -3 & -3 \\ 0 & 3 & 4 & 13 \end{vmatrix}=0.$$
すなわちすべては 0 とならないような解 c_1, c_2, c_3, c_4 が存在する．したがって $\alpha_1, \alpha_2, \alpha_3, \alpha_4$ は一次従属であるから次元は 3 以下である．次にどれか三つの従属性を調べる．

$\alpha_1, \alpha_2, \alpha_3$ の従属性を調べるには $c_1\alpha_1+c_2\alpha_2+c_3\alpha_3$ について前と類似に連立方程式
$$c_1+\ c_2-\ c_3=0,$$
$$c_1+2c_2+2c_3=0,$$
$$\qquad\qquad -3c_3=0,$$
$$\qquad 3c_2+4c_3=0,$$
の任意の三つの方程式の係数の行列式を考察する．仮りに従属であればすべては 0 でない解 c_1, c_2, c_3 が存在する筈であるからこれらの行列式はすべて 0 で

ある．しかるに最初の三つの方程式の係数の行列式は

$$\begin{vmatrix} 1 & 1 & -1 \\ 1 & 2 & 2 \\ 0 & 0 & -3 \end{vmatrix} = -3 \neq 0.$$

すなわち $\alpha_1, \alpha_2, \alpha_3$ は一次独立であるから，$\alpha_1, \alpha_2, \alpha_3, \alpha_4$ は3次元の部分空間を張る． (終)

上の例題の証明を吟味して次の定理を得る．

定理 35.2. k 個のベクトル $\alpha_1 = (a_{11}, a_{12}, \cdots, a_{1n})$, $\alpha_2 = (a_{21}, a_{22}, \cdots, a_{2n})$, $\cdots$, $\alpha_k = (a_{k1}, a_{k2}, \cdots, a_{kn})$ が与えられたとき，長方行列

$$(35.2) \quad \begin{bmatrix} a_{11} & a_{12} & \cdots & a_{1n} \\ a_{21} & a_{22} & \cdots & a_{2n} \\ \cdots & \cdots & \cdots & \cdots \\ a_{k1} & a_{k2} & \cdots & a_{kn} \end{bmatrix}$$

のどれか一つの m 次の小行列式が0でなければ，$\alpha_1, \alpha_2, \cdots, \alpha_k$ のいずれか m 個は一次独立である．

定理 35.3. 長方行列 (35.2) において m 次の小行列式がすべて 0 であるならば $\alpha_1, \alpha_2, \cdots, \alpha_k$ の任意の m 個のベクトルは一次従属である．

証明． (35.2) が正方行列である場合（第7章定理 31.1）の証明にならって m について帰納法によって証明する．ただし正方行列の場合の行と列を交換してある．$m = k$ として $\alpha_1, \alpha_2, \cdots, \alpha_m$ が一次従属であることを示せば明らかに定理が証明される．仮りに $a_{11} \neq 0$ であるものとして

$$b_{ij} = \begin{vmatrix} a_{11} & a_{1j} \\ a_{i1} & a_{ij} \end{vmatrix} = a_{11} a_{ij} - a_{i1} a_{1j}$$

とおけば，

$$\begin{bmatrix} b_{22} & b_{23} & \cdots & b_{2n} \\ b_{32} & b_{33} & \cdots & b_{3n} \\ \cdots & \cdots & \cdots & \cdots \\ b_{m2} & b_{m3} & \cdots & b_{mn} \end{bmatrix}$$

の $m-1$ 次の小行列がすべて0となることは正方行列の場合の証明と同様であ

る．したがって帰納法の仮定によって，すべては0とならない $c_2, c_3, \cdots, c_m$ を適当にえらんで

$$\sum_{i=2}^{m} b_{ij} c_i = 0 \quad (j=2, 3, \cdots, n)$$

となるようにできる．これを書き直して

$$\sum_{i=2}^{m} (a_{11} a_{ij} - a_{i1} a_{1j}) c_i = 0 \quad (j=2, 3, \cdots, n).$$

これを a_{11} で割って

(35.3) $\quad -\dfrac{a_{1j}}{a_{11}} \sum_{i=2}^{m} a_{i1} c_i + \sum_{i=2}^{m} a_{ij} c_i = 0 \quad (j=2, 3, \cdots, n).$

ここで c_1 を

$$c_1 = -\dfrac{1}{a_{11}} \sum_{i=2}^{m} a_{i1} c_i$$

とおけば，

(35.4) $\quad \sum_{i=1}^{m} a_{i1} c_i = 0$

となり，また (35.3) から

(35.5) $\quad \sum_{i=1}^{m} a_{ij} c_i = 0 \quad (j=2, 3, \cdots, n)$

上の両式を合わせて

(35.6) $\quad \sum_{i=1}^{m} a_{ij} c_i = 0 \quad (j=1, 2, \cdots, n)$

が得られ，これが求める関係である． (終)

以上から与えられた若干個のベクトルの張る空間の次元を座標の作る行列によって求めることができた．これを定理にまとめる前に行列の**階数**の概念を導入する．

一つの行列

(35.7) $\quad A = \begin{bmatrix} a_{11} & a_{12} & \cdots & a_{1n} \\ a_{21} & a_{22} & \cdots & a_{2n} \\ \cdots & \cdots & \cdots & \cdots \\ a_{k1} & a_{k2} & \cdots & a_{kn} \end{bmatrix}$

の 0 とならない小行列式の中で最大の次数のものを m とするとき, m を A の階数という. これに関連して次の事実を注意しておこう.

定理 35.4. 長方行列 A の階数が m であれば $l < m$ のとき l 次の 0 でない小行列式が存在する.

証明. 階数の定義から 0 でない m 次の小行列式が存在する. この小行列式を l 次の小行列式に関して展開して見れば l 次の小行列式がすべては 0 となり得ないことがわかる. (終)

この定理によって長方行列 A の階数を m とすれば, $1, 2, \cdots, m$ 次の 0 でない小行列式が存在し, $m+1$ 次以上の小行列式はすべて 0 となることがわかる.

定理 35.5. ベクトル $\alpha_i = (a_{i1}, a_{i2}, \cdots, a_{in})$ $(i=1, 2, \cdots, m)$ の張る部分空間の次元は, 長方行列

$$(35.8) \quad A = \begin{bmatrix} a_{11} & a_{12} & \cdots & a_{1n} \\ a_{21} & a_{22} & \cdots & a_{2n} \\ \cdots & \cdots & \cdots & \cdots \\ a_{m1} & a_{m2} & \cdots & a_{mn} \end{bmatrix}$$

の階数に等しい.

問 1. 正方行列 A において行の一次結合 (係数はすべては 0 でないものとする) が 0 になるならば, 列の適当な一次結合も 0 となる.

問 2. ベクトル $\alpha_1 = (2, -3, -1)$, $\alpha_2 = (-5, 2, -3)$, $\alpha_3 = (3, -4, -1)$, $\alpha_4 = (7, 1, 8)$ の張る空間の次元を求めよ.

§36. 行列の階数と連立一次方程式

前節で行列の階数の概念が重要であることがわかった. 階数を求める一つの方法について次に述べる.

(m, n) 型の長方行列 $A = (a_{ij})$ の行ベクトルを

$$\alpha_1 = (a_{11}, a_{12}, \cdots, a_{1n}),$$
$$\alpha_2 = (a_{21}, a_{22}, \cdots, a_{2n}),$$
$$\cdots\cdots\cdots\cdots\cdots\cdots,$$

§36. 行列の階数と連立一次方程式

$$\alpha_m = (a_{m1}, a_{m2}, \cdots, a_{mn})$$

とする．行列 A に関する次のような三つの操作のことを**基本操作**という：

I. 二つの行を交換すること；

II. 一つの行を c 倍して他の行に加えること；

III. 一つの行を c 倍すること．ここに c は 0 と異なる数であるとする．

行の代りに列に関する同じような操作 I′, II′, III′ のことも基本操作という．

定理 36.1. 基本操作によって行列の階数は変わらない．

証明. 基本操作を施した結果の長方行列の小行列はやはり基本操作を受けているから，I によって符号を変ずる，II によって変わらない，III によって c 倍される，などの影響を受けられるが，0 になるという性質ははじめのままに保たれるから定理に述べた結果が成立する． (終)

この定理によって行列の階数を求める例を次に挙げよう．

例題 36.1. 次の行列の階数を求めよ：

$$A = \begin{bmatrix} 3 & 0 & 2 & 5 & 0 \\ 2 & 4 & -2 & 1 & 3 \\ 0 & 8 & 2 & 0 & 6 \\ 5 & 3 & -4 & 3 & -2 \end{bmatrix}.$$

解. 基本操作 I により A を A' に変形することを

$$A \xrightarrow{\text{I}} A'$$

などと表わすことにより

$$A \xrightarrow{\text{I}} \begin{bmatrix} 2 & 4 & -2 & 1 & 3 \\ 3 & 0 & 2 & 5 & 0 \\ 0 & 8 & 2 & 0 & 6 \\ 5 & 3 & -4 & 3 & -2 \end{bmatrix} \begin{pmatrix}\text{第1行, 第2行}\\ \text{交換}\end{pmatrix}$$

$$\xrightarrow{\text{I}'} \begin{bmatrix} 1 & 4 & -2 & 2 & 3 \\ 5 & 0 & 2 & 3 & 0 \\ 0 & 8 & 2 & 0 & 6 \\ 3 & 3 & -4 & 5 & -2 \end{bmatrix} \begin{pmatrix}\text{第1列, 第4列}\\ \text{交換}\end{pmatrix}$$

$$\xrightarrow{\text{II}} \begin{bmatrix} 1 & 4 & -2 & 2 & 3 \\ 0 & -20 & 12 & -7 & -15 \\ 0 & 8 & 2 & 0 & 6 \\ 0 & -9 & 2 & -1 & -11 \end{bmatrix} \begin{pmatrix} \text{第2行}-\text{第1行}\times 5 \\ \text{第4行}-\text{第1行}\times 3 \end{pmatrix}$$

$$\xrightarrow{\text{II}'} \begin{bmatrix} 1 & 0 & 0 & 0 & 0 \\ 0 & -20 & 12 & -7 & -15 \\ 0 & 8 & 2 & 0 & 0 \\ 0 & -9 & 2 & -1 & -11 \end{bmatrix}$$

$$\xrightarrow{\text{III}} \begin{bmatrix} 1 & 0 & 0 & 0 & 0 \\ 0 & 20 & -12 & 7 & 15 \\ 0 & 8 & 2 & 0 & 6 \\ 0 & 9 & -2 & 1 & 11 \end{bmatrix}$$

$$\xrightarrow{\text{I}} \begin{bmatrix} 1 & 0 & 0 & 0 & 0 \\ 0 & 9 & -2 & 1 & 11 \\ 0 & 8 & 2 & 0 & 6 \\ 0 & 20 & -12 & 7 & 15 \end{bmatrix}$$

$$\xrightarrow{\text{I}'} \begin{bmatrix} 1 & 0 & 0 & 0 & 0 \\ 0 & 1 & -2 & 9 & 11 \\ 0 & 0 & 2 & 8 & 6 \\ 0 & 7 & -12 & 20 & 15 \end{bmatrix}$$

$$\xrightarrow{\text{III}} \begin{bmatrix} 1 & 0 & 0 & 0 & 0 \\ 0 & 1 & -2 & 9 & 11 \\ 0 & 0 & 1 & 4 & 3 \\ 0 & 7 & -12 & 20 & 15 \end{bmatrix}.$$

以下類似の操作により，変形の途中の一部を示せば，

$$\longrightarrow \begin{bmatrix} 1 & 0 & 0 & 0 & 0 \\ 0 & 1 & 0 & 0 & 0 \\ 0 & 0 & 1 & 4 & 3 \\ 0 & 0 & 2 & -43 & -62 \end{bmatrix}$$

$$\xrightarrow{\text{II, II}'} \begin{bmatrix} 1 & 0 & 0 & 0 & 0 \\ 0 & 1 & 0 & 0 & 0 \\ 0 & 0 & 1 & 0 & 0 \\ 0 & 0 & 0 & -51 & -74 \end{bmatrix}$$

$$\xrightarrow{\text{III}'} \begin{bmatrix} 1 & 0 & 0 & 0 & 0 \\ 0 & 1 & 0 & 0 & 0 \\ 0 & 0 & 1 & 0 & 0 \\ 0 & 0 & 0 & 1 & 1 \end{bmatrix}$$

$$\xrightarrow{\text{II}'} \begin{bmatrix} 1 & 0 & 0 & 0 & 0 \\ 0 & 1 & 0 & 0 & 0 \\ 0 & 0 & 1 & 0 & 0 \\ 0 & 0 & 0 & 1 & 0 \end{bmatrix}.$$

すなわち階数は4に等しい． (終)

一般には上の操作によって

(36.1) $\begin{bmatrix} 1 & & & & \\ & 1 & & & \\ & & 1 & & \\ & & & 0 & \\ & & & & 0 \end{bmatrix} = \begin{bmatrix} 1 & 0 & 0 & 0 & 0 & 0 \\ 0 & 1 & 0 & 0 & 0 & 0 \\ 0 & 0 & 1 & 0 & 0 & 0 \\ 0 & 0 & 0 & 0 & 0 & 0 \\ 0 & 0 & 0 & 0 & 0 & 0 \end{bmatrix}$

のような形の行列に変形されるのが普通で，左上隅から斜め右下に並んだ1の個数が求める階数を表わしている．

ついでに行列に関する基本操作は適当な行列を左右から乗ずることによって得られることを付け加えておこう．

基本操作 I, II, III は次のような行列を左から乗ずることによって得られる．

I. 第 i 行と第 j 行の交換．

$(i, j), (j, i)$ 両元素は1，対角線上の $(i, i), (j, j)$ 両元素以外は1，その他の元は0のような m 次の正方行列を与えられた (m, n) 型の行列 A の左に乗ずる．たとえば $i=2, j=4$ として

$$\begin{bmatrix} 1 & 0 & 0 & 0 \\ 0 & 0 & 0 & 1 \\ 0 & 0 & 1 & 0 \\ 0 & 1 & 0 & 0 \end{bmatrix} \begin{bmatrix} a_1 & a_2 & a_3 \\ b_1 & b_2 & b_3 \\ c_1 & c_2 & c_3 \\ d_1 & d_2 & d_3 \end{bmatrix} = \begin{bmatrix} a_1 & a_2 & a_3 \\ d_1 & d_2 & d_3 \\ c_1 & c_2 & c_3 \\ b_1 & b_2 & b_3 \end{bmatrix}$$

II. 第 j 行を c 倍して第 i 行に加えること．

$$i) \begin{bmatrix} 1 & & & & \\ & 1 & & & \\ & & 1 & \cdots & c \\ & & & \ddots & \\ & & & & 1 \end{bmatrix} \quad (m \text{ 次})$$

を左から乗ずればよい．たとえば $i=2, j=4$ の場合

$$\begin{bmatrix} 1 & 0 & 0 & 0 \\ 0 & 1 & 0 & c \\ 0 & 0 & 1 & 0 \\ 0 & 0 & 0 & 1 \end{bmatrix} \begin{bmatrix} a_1 & a_2 & a_3 \\ b_1 & b_2 & b_3 \\ c_1 & c_2 & c_3 \\ d_1 & d_2 & d_3 \end{bmatrix} = \begin{bmatrix} a_1 & a_2 & a_3 \\ b_1+cd_1 & b_2+cd_2 & b_3+cd_3 \\ c_1 & c_2 & c_3 \\ d_1 & d_2 & d_3 \end{bmatrix}.$$

III. 第 i 行を c 倍するには

$$i) \begin{bmatrix} 1 & & & & \\ & 1 & & & \\ & & \ddots & & \\ & & & c & \\ & & & \ddots & \\ & & & & 1 \end{bmatrix} \quad (m \text{ 次})$$

を左から乗ずればよい．

同じようにして基本操作 I′, II′, III′ は類似の行列を右から乗じて得られる．

I′. 第 i 列と第 j 列の交換．

n 次の I と同じ型の行列を右から乗ずる．

$i=1, j=3$ の例では

$$\begin{bmatrix} a_1 & a_2 & a_3 \\ b_1 & b_2 & b_3 \\ c_1 & c_2 & c_3 \\ d_1 & d_2 & d_3 \end{bmatrix} \begin{bmatrix} 0 & 0 & 1 \\ 0 & 1 & 0 \\ 1 & 0 & 0 \end{bmatrix} = \begin{bmatrix} a_3 & a_2 & a_1 \\ b_3 & b_2 & b_1 \\ c_3 & c_2 & c_1 \\ d_3 & d_2 & d_1 \end{bmatrix}.$$

II′. 第 i 列を c 倍して第 j 列に加えるには II の場合と同じ型の n 次の行列を右から乗ずる．

たとえば $i=1, j=3$ の例で

$$\begin{bmatrix} a_1 & a_2 & a_3 \\ b_1 & b_2 & b_3 \\ c_1 & c_2 & c_3 \\ d_1 & d_2 & d_3 \end{bmatrix} \begin{bmatrix} 1 & 0 & c \\ 0 & 1 & 0 \\ 0 & 0 & 1 \end{bmatrix} = \begin{bmatrix} a_1 & a_2 & ca_1+a_3 \\ b_1 & b_2 & cb_1+b_3 \\ c_1 & c_2 & cc_1+c_3 \\ d_1 & d_2 & cd_1+d_3 \end{bmatrix}.$$

Ⅲ′. 第 i 列を c 倍するにはⅢと同じ型の n 次の行列を右から乗ずる.

以上から行列 A を (36.1) 型の標準型に直すには A の両側に若干個の行列を乗ずればよいことがわかった. A の左側から乗じた行列の全部の積を R, 右側から乗じた行列の全部の積を S とすれば

(36.2) $$RAS = \begin{bmatrix} 1 & & & & \\ & 1 & & & \\ & & 1 & & \\ & & & 0 & \\ & & & & 0 \end{bmatrix}.$$

ここに R, S はそれぞれ m 次および n 次の行列でそれらの行列式は 0 でない. これは基本操作の際に現われる行列の行列式はすべて 0 でないことは, たとえば

$$\begin{vmatrix} 1 & & & & \\ & 1 & & & \\ & & \cdots & c & \cdots \\ & & & & \\ & & & & 1 \end{vmatrix} = c$$

のように容易にわかるからである. 以上の結果をまとめて

定理 36.2. A を (m, n) 型の行列とすれば m 次, n 次の行列式が 0 とならない行列 R, S を適当にえらんで RAS を標準型に直すことができる:

(36.3) $$RAS = \begin{bmatrix} 1 & & & & \\ & 1 & & & \\ & & 1 & & \\ & & & 0 & \\ & & & & 0 \end{bmatrix}.$$

例題 2. 行列

$$A = \begin{bmatrix} 1 & 2 & 3 & 5 \\ 0 & 1 & 1 & 2 \\ -2 & -4 & -6 & -10 \end{bmatrix}$$

の左右に 3 次および 4 次の行列 R, S を乗じて (36.3) の形の標準型に直せ.

解. (第 2 列)−(第 1 列)×2, (第 3 列)−(第 1 列)×3, (第 4 列)−(第 1 列)×5 の操作を行列で表わせば,

$$\begin{bmatrix} 1 & -2 & 0 & 0 \\ 0 & 1 & 0 & 0 \\ 0 & 0 & 1 & 0 \\ 0 & 0 & 0 & 1 \end{bmatrix} \begin{bmatrix} 1 & 0 & -3 & 0 \\ 0 & 1 & 0 & 0 \\ 0 & 0 & 1 & 0 \\ 0 & 0 & 0 & 1 \end{bmatrix} \begin{bmatrix} 1 & 0 & 0 & -5 \\ 0 & 1 & 0 & 0 \\ 0 & 0 & 1 & 0 \\ 0 & 0 & 0 & 1 \end{bmatrix}$$

$$= \begin{bmatrix} 1 & -2 & -3 & -5 \\ 0 & 1 & 0 & 0 \\ 0 & 0 & 1 & 0 \\ 0 & 0 & 0 & 1 \end{bmatrix} = S_1.$$

$$AS_1 = \begin{bmatrix} 1 & 0 & 0 & 0 \\ 0 & 1 & 1 & 2 \\ -2 & 0 & 0 & 0 \end{bmatrix}.$$

(第 3 行)+(第 1 行)×(−2) について同様にして

$$R_1 AS_1 = \begin{bmatrix} 1 & 0 & 0 & 0 \\ 0 & 1 & 1 & 2 \\ 0 & 0 & 0 & 0 \end{bmatrix}.$$

ここに

$$R_1 = \begin{bmatrix} 1 & 0 & 0 \\ 0 & 1 & 0 \\ -2 & 0 & 1 \end{bmatrix}.$$

$$\begin{bmatrix} 1 & 0 & 0 & 0 \\ 0 & 1 & 1 & 2 \\ 0 & 0 & 0 & 0 \end{bmatrix} \begin{bmatrix} 1 & 0 & 0 & 0 \\ 0 & 1 & -1 & -2 \\ 0 & 0 & 1 & 0 \\ 0 & 0 & 0 & 1 \end{bmatrix} = R_1 AS_1 S_2$$

$$= \begin{bmatrix} 1 & 0 & 0 & 0 \\ 0 & 1 & 0 & 0 \\ 0 & 0 & 0 & 0 \end{bmatrix}.$$

これで標準型が得られた.

$$R = R_1 = \begin{bmatrix} 1 & 0 & 0 \\ 0 & 1 & 0 \\ -2 & 0 & 1 \end{bmatrix},$$

$$S = S_1 S_2 = \begin{bmatrix} 1 & -2 & -1 & -1 \\ 0 & 1 & -1 & -2 \\ 0 & 0 & 1 & 0 \\ 0 & 0 & 0 & 1 \end{bmatrix}$$

が求める行列である. (終)

次にもっとも一般な次の形の連立一次方程式が解をもつための必要かつ十分な条件について述べる.

(36.4)
$$\begin{cases} a_{11}x_1 + a_{12}x_2 + \cdots + a_{1n}x_n = b_1, \\ a_{21}x_1 + a_{22}x_2 + \cdots + a_{2n}x_n = b_2, \\ \cdots\cdots\cdots\cdots\cdots\cdots\cdots\cdots, \\ a_{m1}x_1 + a_{m2}x_2 + \cdots + a_{mn}x_n = b_m. \end{cases}$$

この連立方程式が解けることをベクトルの形でいいかえれば

$$\beta = (b_1, b_2, \cdots, b_m)$$

が m 個のベクトル

$$\alpha_1 = (a_{11}, a_{21}, \cdots, a_{m1}),$$
$$\alpha_2 = (a_{12}, a_{22}, \cdots, a_{m2}),$$
$$\cdots\cdots\cdots\cdots\cdots\cdots,$$
$$\alpha_n = (a_{1n}, a_{2n}, \cdots, a_{mn})$$

の一次結合

$$x_1\alpha_1 + x_2\alpha_2 + \cdots + x_n\alpha_n$$

となることである. したがって

$$\alpha_1, \alpha_2, \cdots, \alpha_n$$

で張られた部分空間の次元と

$$\beta, \alpha_1, \alpha_2, \cdots, \alpha_n$$

で張られた部分空間の次元が一致する.

このことを定理 35.5 によっていいかえて, 次の連立一次方程式が解をもつ

ための必要かつ十分な条件を得る.

定理 36.3. 連立一次方程式

(36.5)
$$\begin{cases} a_{11}x_1+a_{12}x_2+\cdots+a_{1n}x_n=b_1, \\ a_{21}x_1+a_{22}x_2+\cdots+a_{2n}x_n=b_2, \\ \cdots\cdots\cdots\cdots\cdots, \\ a_{m1}x_1+a_{m2}x_2+\cdots+a_{mn}x_n=b_m \end{cases}$$

が解 $x_1, x_2, \cdots, x_n$ をもつための必要かつ十分条件は次の二つの行列の階数が一致することである:

(36.6)
$$A=\begin{bmatrix} a_{11} & a_{12} & \cdots & a_{1n} \\ a_{21} & a_{22} & \cdots & a_{2n} \\ \cdots & \cdots & \cdots & \cdots \\ a_{m1} & a_{m2} & \cdots & a_{mn} \end{bmatrix},$$

(36.7)
$$B=\begin{bmatrix} a_{11} & a_{12} & \cdots & a_{1n} & b_1 \\ a_{21} & a_{22} & \cdots & a_{2n} & b_2 \\ \cdots & \cdots & \cdots & \cdots & \cdots \\ a_{m1} & a_{m2} & \cdots & a_{mn} & b_m \end{bmatrix}.$$

例題 3. 次の連立一次方程式は解をもつか.

$$-x_1+2x_2-3x_3=-1,$$
$$2x_1+3x_2-4x_3=1,$$
$$-5x_1+x_2+2x_3=2,$$
$$-4x_1+6x_2-5x_3=2.$$

解. 前定理によって行列 A, B の階数が一致するか否かを検証する.

$$A \to \begin{bmatrix} -1 & 2 & -3 \\ 2 & 3 & -4 \\ -5 & 1 & 2 \\ -4 & 6 & -5 \end{bmatrix} \to \begin{bmatrix} 1 & 2 & -3 \\ -2 & 3 & -4 \\ 5 & 1 & 2 \\ 4 & 6 & -5 \end{bmatrix}$$

$$\to \begin{bmatrix} 1 & 0 & 0 \\ -2 & 7 & -10 \\ 5 & -9 & 17 \\ 4 & -2 & 7 \end{bmatrix} \to \begin{bmatrix} 1 & 0 & 0 \\ -2 & 7 & 0 \\ 5 & -9 & a_1 \\ 4 & -2 & a_2 \end{bmatrix}.$$

§36. 行列の階数と連立一次方程式

ここに $a_1=17-9\times\dfrac{10}{7}\neq 0$ であるから上の行列は

$$\rightarrow\begin{bmatrix}1&0&0\\0&1&0\\0&0&1\\0&0&0\end{bmatrix}.$$

したがって A の階数は 3 に等しい. 次に B を基本操作によって変形すれば,

$$B=\begin{bmatrix}-1&2&-3&-1\\2&3&-4&1\\-5&1&2&2\\-4&6&-5&2\end{bmatrix}\rightarrow\begin{bmatrix}1&0&0&0\\-2&7&-10&-1\\5&-9&17&7\\4&-2&7&6\end{bmatrix}$$

$$\rightarrow\begin{bmatrix}1&0&0&0\\-2&1&7&-10\\5&-7&-9&17\\4&-6&-2&7\end{bmatrix}\rightarrow\begin{bmatrix}1&0&0&0\\-2&1&0&0\\5&-7&40&-53\\4&-6&40&-53\end{bmatrix}$$

$$\rightarrow\begin{bmatrix}1&0&0&0\\-2&1&0&0\\5&-7&1&1\\4&-6&1&1\end{bmatrix}\rightarrow\begin{bmatrix}1&0&0&0\\-2&1&0&0\\5&-7&1&0\\4&-6&1&0\end{bmatrix}$$

$$\rightarrow\begin{bmatrix}1&0&0&0\\0&1&0&0\\0&0&1&0\\0&0&0&0\end{bmatrix}.$$

すなわち B の階数も 3 に等しいから与えられた連立方程式は解をもつことが分る. (終)

上の例題では与えられた連立方程式を解くことの可能性のみを示した.

実際に解そのものを求めるには次のようにすればよい. 上記の A の基本操作による変形の途中の計算により与えられた連立方程式のはじめの三つの方程式の係数の行列式は 0 でないことがわかる. 一方, 四つのベクトル

$$(-1, 2, -3, -1),$$

$$(2, 3, -4, 1),$$
$$(-5, 1, 2, 2),$$
$$(-4, 6, -5, 2)$$

は一次従属であることは B の階数が 3 であることからわかる．したがって最後の方程式ははじめの三つの方程式の一次結合（定数を掛けて加えたもの）に等しい．このことからはじめの 3 式をクラーメルの公式により解いた解は自然に第 4 式をも満足することがわかる．以上から解は

$$x_1 = \frac{\begin{vmatrix} -1 & 2 & -3 \\ 1 & 3 & -4 \\ 2 & 1 & 2 \end{vmatrix}}{\begin{vmatrix} -1 & 2 & -3 \\ 2 & 3 & -4 \\ -5 & 1 & 2 \end{vmatrix}} = \frac{15}{29}.$$

同じようにして $x_2 = \frac{53}{29}$, $x_3 = \frac{40}{29}$.

この例題では解はただ一つだけ確定したが，一般には解が存在する場合解は無限に多く存在し，その状態は次のようになる．

すなわち与えられた連立方程式 (36.5) において (36.6), (36.7) 式で与えられた二つの行列 A, B の階数 r が一致して解の存在が確かめられたものとする．行列 A の階数は A の 0 とならない小行列式の次数の最大であるから $r \leqq n$ である．今仮りに A の左上隅の r 次の小行列式

$$\begin{vmatrix} a_{11} & a_{12} & \cdots & a_{1r} \\ a_{21} & a_{22} & \cdots & a_{2r} \\ \cdots & \cdots & \cdots & \cdots \\ a_{r1} & a_{r2} & \cdots & a_{rr} \end{vmatrix} = D$$

が 0 でないものとする．例題において説明したのと同じ理由によって与えられた n 個の方程式の中で $r+1$ 番目以後の $n-r$ 個ははじめの r 個の一次結合であるから，n 個の方程式を連立させて解くということは，実質的にははじめの r 個を解くということと同じである．しかるにこの r 個は第 $r+1$ 項以下を右辺にまわすことにより次のように書くことができる：

$$a_{11}x_1+\cdots+a_{1r}x_r=b_1-a_{1r+1}x_{r+1}-\cdots-a_{1n}x_n,$$
$$a_{21}x_1+\cdots+a_{2r}x_r=b_2-a_{2r+1}x_{r+1}-\cdots-a_{2n}x_n,$$
$$\cdots\cdots\cdots\cdots\cdots\cdots\cdots\cdots\cdots\cdots\cdots\cdots\cdots\cdots\cdots,$$
$$a_{r1}x_1+\cdots+a_{rr}x_r=b_r-a_{rr+1}x_{r+1}-\cdots-a_{rn}x_n.$$

したがって $x_{r+1},\cdots,x_n$ に任意の数を代入して，クラーメルの方法により $x_1,x_2,\cdots,x_r$ を解けば $n-r$ 個の不定定数 $c_{r+1},\cdots,c_n$ を含むような解が得られる．これが与えられた連立一次方程式の一般な解である．

問 1. 次の行列を定理 36.2 により標準型に直せ：
$$A=\begin{bmatrix} 1 & -3 & -2 & -5 \\ -3 & 2 & -1 & 1 \\ 2 & 4 & 6 & 10 \end{bmatrix}.$$

問 2. 次の連立一次方程式を解け：
$$2x+3y+4z=5,$$
$$-2x+y+3z=6,$$
$$-2x+5y+10z=17,$$
$$x+10y+15z=21.$$

問 題 8

1. △ABC において AB＞AC であるとき，A を対辺 BC の中点 M に結ぶ中線 AM 上の任意の点を P とすれば PB＞PC なることをベクトルを用いて証明せよ（頂点を表わすベクトルを α,β,γ とし，M を原点として仮定をいいかえよ）．

2. △ABC の 3 辺の中点 L, M, N を結んでできる三角形 LMN の垂心 H は △ABC の外心であることを証明せよ．（垂心 H を原点として LH⊥MN, MH⊥NL, NH⊥LM をベクトルの内積の条件で表わし，これを変形して AH＝BH＝CH を示せ）．

3. 次のベクトルの張る空間の次元を求めよ：
$$\alpha_1=(2,3,-2,5), \quad \alpha_2=(1,-2,2,4),$$
$$\alpha_3=(-1,-2,1,-3), \quad \alpha_4=(-2,-3,1,-4).$$

4. 次のベクトルの張る部分空間の次元は何次元か．またその部分空間の一組の底を求めよ：
$$(5,7,1,1,-3), \ (3,-2,0,1,0), \ (3,-1,3,-1,1),$$
$$(11,4,4,1,-2), \ (9,-4,6,-1,2).$$

5. 次の各行列を行および列の基本操作によって対角行列に直せ：

(1) $\begin{bmatrix} 3 & -5 & 2 & 6 \\ 2 & -4 & 2 & 5 \\ 1 & -2 & 1 & 2 \\ 3 & -3 & 0 & 3 \end{bmatrix}$, (2) $\begin{bmatrix} 2 & 5 & -2 & 1 \\ 5 & 18 & -4 & 6 \\ -1 & 3 & 2 & 3 \\ 1 & 8 & 0 & 4 \end{bmatrix}$.

6. 次の行列の階数を求めよ：

$$\begin{bmatrix} -2 & 3 & 4 & 1 & 5 \\ 1 & 3 & 2 & 5 & 4 \\ 0 & 9 & 8 & 11 & 13 \\ -3 & 9 & 10 & 9 & 14 \end{bmatrix}.$$

7. 次の行列にどのような行列を左右から乗ずれば対角線型となるか：

(1) $\begin{bmatrix} 0 & 0 & 0 & 2 \\ 0 & 0 & 4 & 0 \\ 0 & 3 & 0 & 6 \\ 2 & 0 & 0 & 6 \end{bmatrix}$, (2) $\begin{bmatrix} 1 & 2 & 0 & 0 \\ -2 & 0 & 3 & 0 \\ 0 & 1 & 0 & 1 \\ -1 & 0 & 0 & 0 \end{bmatrix}$.

8. 次の連立一次方程式の解を求めよ：

$$2x + 3y - 4z = 5,$$
$$-x + 2y - 2z = 4,$$
$$3x - y + 4z = -3,$$
$$7x + 12y - 12z = 20,$$
$$x + 3y = 5.$$

9. 次の連立一次方程式の解を求めよ：

$$2x + 2y - 3z = -2,$$
$$x - 4y + 5z = 3,$$
$$5x - z = -1,$$
$$7x - 8y + 9z = 5.$$

第9章 行列環, 二次形式

§37. 行 列 環

前に行列の積を定義した. A を (m, n) 型の行列

(37.1)
$$A = \begin{bmatrix} a_{11} & a_{12} & \cdots & a_{1n} \\ a_{21} & a_{22} & \cdots & a_{2n} \\ \cdots & \cdots & \cdots & \cdots \\ a_{m1} & a_{m2} & \cdots & a_{mn} \end{bmatrix}$$

とするとき, 数 α と A とのスカラー積 αA を次の式によって定義する:

$$\alpha A = \begin{bmatrix} \alpha a_{11} & \alpha a_{12} & \cdots & \alpha a_{1n} \\ \alpha a_{21} & \alpha a_{22} & \cdots & \alpha a_{2n} \\ \cdots & \cdots & \cdots & \cdots \\ \alpha a_{m1} & \alpha a_{m2} & \cdots & \alpha a_{mn} \end{bmatrix}.$$

また A, B がいずれも (m, n) 型の行列であるとき, それらの和 $A+B$ を

$$A+B = \begin{bmatrix} a_{11}+b_{11} & a_{12}+b_{12} & \cdots & a_{1n}+b_{1n} \\ a_{21}+b_{21} & a_{22}+b_{22} & \cdots & a_{2n}+b_{2n} \\ \cdots\cdots\cdots\cdots\cdots\cdots\cdots\cdots\cdots \\ a_{m1}+b_{m1} & a_{m2}+b_{m2} & \cdots & a_{mn}+b_{mn} \end{bmatrix}$$

なる式で定義する.

連立方程式

(37.2)
$$\begin{aligned} a_{11}x_1+a_{12}x_2+\cdots+a_{1n}x_n &= b_1, \\ a_{21}x_1+a_{22}x_2+\cdots+a_{2n}x_n &= b_2, \\ &\cdots\cdots\cdots\cdots\cdots, \\ a_{m1}x_1+a_{m2}x_2+\cdots+a_{mn}x_n &= b_m \end{aligned}$$

を行列の演算の形式に表わすには, 係数の行列を (37.1) 式の A とし, 列ベクトル

(37.3) $$\begin{bmatrix} x_1 \\ x_2 \\ \vdots \\ x_n \end{bmatrix}, \begin{bmatrix} b_1 \\ b_2 \\ \vdots \\ b_m \end{bmatrix}$$

をそれぞれ x, b と表わしたとき,

(37.4) $$Ax = b$$

と書くことができる.

同じ次数の正方行列の演算については，次のような法則が成り立つ:

$$(A+B)+C = A+(B+C),$$
$$\alpha(A+B) = \alpha A + \alpha B,$$
$$(\alpha\beta)A = \alpha(\beta A),$$
$$(\alpha A)B = \alpha AB,$$
$$A(B+C) = AB + AC,$$
$$(AB)C = A(BC).$$

その他 A, B を与えたとき

$$A + X = B$$

はただ一つの行列の解をもち，これを $B - A$ と表わす．すべての元が 0 となる行列

$$\begin{bmatrix} 0 & 0 & \cdots & 0 \\ 0 & 0 & \cdots & 0 \\ \multicolumn{4}{c}{\cdots\cdots\cdots\cdots} \\ 0 & 0 & \cdots & 0 \end{bmatrix}$$

のことを 0 と表わし，これが

$$A + 0 = 0 + A = A,$$
$$0A = A0 = 0$$

なる性質をもっていることも容易にわかる．

このようにして n 次の正方行列の全体に以上のような演算を考慮に入れたとき，n 次の**行列環**と呼ぶ．**環**(ring)というのは近代の代数学の基礎的な概念

の一つで，加法と乗法の演算の可能な集合のことであるが，ここではその一般的な理論には立ち入らない．行列環においては一般には

(37.5) $$AB=BA$$

なる関係は成立しない．たとえば

$$A=\begin{bmatrix} 0 & 1 & 0 \\ 0 & 0 & 1 \\ 1 & 0 & 0 \end{bmatrix}, \quad B=\begin{bmatrix} 0 & 1 & 0 \\ 1 & 0 & 0 \\ 0 & 1 & 0 \end{bmatrix}$$

とおけば，

$$AB=\begin{bmatrix} 1 & 0 & 0 \\ 0 & 1 & 0 \\ 0 & 1 & 0 \end{bmatrix}, \quad BA=\begin{bmatrix} 0 & 0 & 1 \\ 0 & 1 & 0 \\ 0 & 0 & 1 \end{bmatrix}.$$

であるから (37.5) は成り立たない．もし (37.5) が成立するときに A, B は **可換**であるという．E を単位行列とするとき一つの A に対して

(37.6) $$AA'=E$$

を満足するような行列 A' が存在すれば A' を A の**右逆行列**と呼ぶ．同様にして

(37.7) $$A''A=E$$

を満足するような行列 A'' が存在すれば，A'' のことを A の**左逆行列**と呼ぶ．これらの逆元は一般には存在しないのであるが，これに関して次の定理が成立する．

定理 37.1. 行列の逆行列が存在するための必要かつ十分な条件はその行列が 0 とならないことで，このとき左右の両逆行列は一致する．

証明． まず A の右逆行列 A' が存在するものと仮定する．仮定によって $AA'=E$ であるから，行列の積の行列式に関する定理により

$$|AA'|=|A||A'|=|E|=1.$$

したがって $|A|\neq 0$ である．すなわち右逆行列が存在すれば行列式は 0 に等しくない．左逆行列が存在する場合にも同様のことがいわれる．

逆に A の行列式が 0 でないものとする．A の (i,j) 元素 a_{ij} の余因子を A_{ij} とおくとき，

$$\sum_{r=1}^{n} a_{ir}A_{ir} = |A|,$$

$$\sum_{r=1}^{n} a_{ir}A_{jr} = 0 \quad (i \neq j)$$

が成り立つことはすでに証明された通りである．したがって

$$b_{ij} = \frac{A_{ji}}{|A|}$$

とおけば，b_{ij} を (ij) 元素とする行列 B に対して

$$AB = \begin{bmatrix} 1 & & & \\ & 1 & & \\ & & \ddots & \\ & & & 1 \end{bmatrix} = E$$

となることは行列の積の定義から明らかである．すなわち B は一つの右逆行列である．（右逆行列がただ一つであるということは今まではまだ示されていないが後に証明される）．

次に関係式

$$\sum_{r=1}^{n} a_{ri}A_{ri} = |A|,$$

$$\sum_{r=1}^{n} a_{rj}A_{ri} = 0 \quad (i \neq j),$$

を書き直して

$$\sum_{r=1}^{n} b_{ir}a_{ri} = 0,$$

$$\sum_{r=1}^{n} b_{ir}a_{ij} = 0 \quad (i \neq j).$$

すなわち

$$BA = E$$

が得られる．B は A の右逆行列であると同時に左逆行列であることがこれで示された．

次に A' を任意の右逆行列とすれば定義により

$$AA' = E$$

が成立し，この左から B を乗ずることにより
$$BAA' = BE = B.$$
一方，左辺は
$$BAA' = EA' = A'$$
であるから，
$$A' = B$$
となり，右逆行列は B のみであることがわかった．

同じようにして左逆行列も B に等しい． （終）

以上から A の行列式が 0 でないとき (ij) 元素が
$$b_{ij} = \frac{A_{ji}}{|A|}$$
に等しい行列が A の左および右逆行列に等しいことが証明された．この行列 $B = (b_{ij})$ のことを単に A の**逆行列**と呼び，A^{-1} と表わす．クラーメルの公式は連立方程式
$$Ax = b$$
の係数の行列式 $|A|$ が 0 でないとき
$$x = A^{-1}b$$
によって解を与えることと実質的に同じである．

行列式が 0 とならない行列のことを**正則行列**と呼ぶことがある．

例題 1. 次の行列の逆行列を求めよ：
$$A = \begin{bmatrix} 1 & 4 & 1 \\ 5 & 2 & 6 \\ 1 & -2 & 3 \end{bmatrix}.$$

解． A の行列式は -30 に等しい．

A の (ij) 元素 A_{ij} は
$$A_{11} = 18, \quad A_{12} = -9, \quad A_{13} = -12,$$
$$A_{21} = -10, \quad A_{22} = 2, \quad A_{23} = 6,$$
$$A_{31} = 22, \quad A_{32} = -1, \quad A_{33} = -18$$

であるから，
$$A^{-1} = \frac{1}{-30}\begin{bmatrix} 18 & -10 & 22 \\ -9 & 2 & -1 \\ -12 & 6 & -18 \end{bmatrix}.$$
（終）

問 1. 次の行列と可換な一般な行列の形を求めよ：

(1) $\begin{bmatrix} 1 & 0 & 1 \\ 0 & 1 & 0 \\ 1 & 0 & 0 \end{bmatrix}$, (2) $\begin{bmatrix} 0 & 1 & 0 \\ 1 & 0 & 0 \\ 0 & 0 & 1 \end{bmatrix}$.

問 2. 次の行列の逆行列を求めよ：

(1) $\begin{bmatrix} 1 & 6 & -1 \\ 5 & 2 & 4 \\ 1 & -2 & 3 \end{bmatrix}$, (2) $\begin{bmatrix} 2 & 3 & 1 \\ -1 & 2 & 1 \\ -2 & 4 & 5 \end{bmatrix}$.

§38. 対称行列，固有値

n 次の行列 $A=(a_{ij})$ の**固有値**とは方程式

$$(38.1) \quad F(\lambda) = \begin{vmatrix} a_{11}-\lambda & a_{12} & a_{13} & \cdots & a_{1n} \\ a_{21} & a_{22}-\lambda & a_{23} & \cdots & a_{2n} \\ \cdots & \cdots & \cdots & \cdots & \cdots \\ a_{n1} & a_{n2} & a_{n3} & \cdots & a_{nn}-\lambda \end{vmatrix} = 0$$

の根 λ のことをいう．$F(\lambda)$ は λ の多項式であり，λ の最大のベキは明らかに $(-\lambda)^n$ であるから

$$F(\lambda) = (-1)^n \lambda^n + \cdots = 0$$

は n 次の代数方程式で，固有値は一般に n 個存在する．

行列の記号で表わせば $A=(a_{ij})$ および単位行列 E によって

$$(38.2) \quad F(\lambda) = |A - \lambda E|$$

と表わされることは明らかである．

単位行列 E の (i, j) 元素を δ_{ij} と表わすことが多い．この δ_{ij} のことを**クロネッカーのデルタ**という．定義によって

$$\delta_{ij} = 0 \quad (i \neq j), \quad \delta_{ii} = 1$$

である．

§38. 対称行列,固有値

定理 38.1. B が正則行列なるとき,行列 A および $B^{-1}AB$ の固有値は一致する.

証明. 簡単な行列の計算により
$$B^{-1}AB - \lambda E = B^{-1}AB - \lambda B^{-1}B = B^{-1}(A - \lambda E)B$$
であるから,
$$|B^{-1}AB - \lambda E| = |B^{-1}(A - \lambda E)B| = |B|^{-1}|A - \lambda E||B|$$
$$= |A - \lambda E|.$$
すなわち
$$|B^{-1}AB - \lambda E| = |A - \lambda E|$$
であるから定理に述べた二つの行列の固有値は一致する.

定理 38.2. λ が行列 A の固有値であるための必要かつ十分な条件は
$$(38.1) \qquad A\boldsymbol{x} = \lambda \boldsymbol{x} \quad (\boldsymbol{x} \neq 0)$$
なる列ベクトル $\boldsymbol{x}$ が存在することである.

証明. λ が A の固有値であれば,
$$|A - \lambda E| = 0.$$
であるから第7章定理 31.1 により,$A - \lambda E$ を係数の行列にもつ次の連立方程式がすべては0とならない解 $x_1, x_2, \cdots, x_n$ をもつ.
$$(a_{11} - \lambda)x_1 + a_{12}x_2 + \cdots + a_{1n}x_n = 0,$$
$$a_{21}x_1 + (a_{22} - \lambda)x_2 + \cdots + a_{2n}x_n = 0,$$
$$a_{n1}x_1 + a_{n2}x_2 + \cdots + (a_{nn} - \lambda)x_n = 0.$$
これを行列の記号で書けば,
$$(A - \lambda E)\boldsymbol{x} = 0.$$
したがって定理に述べたように
$$A\boldsymbol{x} = \lambda \boldsymbol{x} \quad (\boldsymbol{x} \neq 0)$$
が成り立つ.

逆に (38.1) を満足するような列ベクトル $\boldsymbol{x}$ が存在するものとする.これを書き直して
$$(A - \lambda E)\boldsymbol{x} = 0 \quad (\boldsymbol{x} \neq 0)$$

が得られる．ふたたび第7章定理 31.1 により上式を連立方程式と考えれば係数の行列式は0となる．したがって
$$|A-\lambda E|=0$$
が得られる． (終)

次に行列の中で特に重要な性質をもつものを二三挙げよう．

行列 $A=(a_{ij})$ の元素 a_{ij} がすべて実数でかつ $a_{ij}=a_{ji}$ であるとき A は**対称行列**であるという．一般に $A=(a_{ij})$ に対して $b_{ij}=a_{ji}$ を (i,j) 元素にもつ行列 B のことを A^T と表わし A の**転置行列**と呼ぶ（本によっては A', ${}^tA$ などと表わすことがある）．この記号によれば実行列 A が対称行列であることは $A=A^T$ なる式によって表わすことができる．

定理 38.3. 対称行列の固有値は実である．

証明． 対称行列 A の一つの固有値を λ とし，
$$A\boldsymbol{x}=\lambda\boldsymbol{x} \quad (\boldsymbol{x}\neq 0)$$
を満足するような行ベクトル $\boldsymbol{x}$ をえらぶ．成分の形で表わせば，

(38.2) $$\sum_{j=1}^{n} a_{ij}x_j=\lambda x_i \quad (i=1,2,\cdots,n).$$

この式の両辺に x_i の共役複素数 $\bar{x}_i$ を乗じて i について加えれば

(38.3) $$\sum_{i=1}^{n}\sum_{j=1}^{n} a_{ij}x_j\bar{x}_i=\lambda\sum_{i=1}^{n} x_i\bar{x}_i.$$

一般に複素数 $z=x+iy$ とその共役複素数 $\bar{z}=x-iy$ の積 $z\bar{z}=x^2+y^2$ は $z\neq 0$ のとき正の実数を表わす．したがって上式の右辺において $\sum_{i=1}^{n} x_i\bar{x}_i$ は >0 である．次に (38.3) 式の両辺の共役複素数を求めれば，

(38.4) $$\sum_{i=1}^{n}\sum_{j=1}^{n} a_{ij}\bar{x}_jx_i=\bar{\lambda}\sum_{i=1}^{n} x_i\bar{x}_i.$$

$a_{ij}=a_{ji}$ であるからこの左辺を変形して
$$\sum_{i=1}^{n}\sum_{j=1}^{n} a_{ji}\bar{x}_jx_i$$

が得られ，これは (38.3) 式の左辺の記号 i,j を交換して得られる式であることから (38.3)，(38.4) の左辺は同じ値をもつ．したがって

$$\lambda \sum_{i=1}^{n} x_i \bar{x}_i = \bar{\lambda} \sum_{i=1}^{n} x_i \bar{x}_i.$$

ゆえに $\bar{\lambda}=\lambda$ が得られ，固有値 λ が実数であることが示された． （終）

上の定理は実な行列に対して $A=A^T$ ならば $\bar{\lambda}=\lambda$ となることであった．

同じようにして $A=-A^T$ を満足する実な行列（このような行列のことを**交代行列**という）に対して $\lambda=-\bar{\lambda}$ となることを示そう．$\lambda=-\bar{\lambda}$ をいいかえれば λ が純虚数となることである．

定理 38.4. 交代行列 A の固有値は純虚数である．

証明. 前定理の証明と類似にたどればよい．これを行列の演算によって次のように述べることができる．

A を任意の行列，x, y を列ベクトルとすればベクトル Ax と y の内積 (Ax, y) は $(x, A^T y)$ に等しい：

(38.5) $$(Ax, y) = (x, A^T y).$$

何となれば Ax の i-成分は $\sum_j a_{ij} x_j$ であるから，

$$(Ax, y) = \sum_i (\sum_j a_{ij} x_j) y_i.$$

一方 $A^T y$ の i-成分は $\sum_j a_{ji} y_j$ であるから，

$$(x, A^T y) = \sum_i (\sum_j a_{ji} y_j) x_i.$$

すなわち i, j の記号をとり換えることにより両式の右辺が一致することが示されて，等式 (38.5) が証明された．

次に仮定により $A^T=-A$ であるから，

$$(Ax, y) = -(x, Ay),$$

ここで y が x の共役複素ベクトル $\bar{x}$ である場合を考えれば，

(38.6) $$(Ax, \bar{x}) = -(x, A\bar{x}).$$

x が $Ax=\lambda x$ ($x \neq 0$) を満足するようなベクトルであれば（$\bar{A}$ を A の共役複素行列として）

$$\bar{A}\bar{x} = \bar{\lambda}\bar{x}.$$

仮定により A は実行列であるから $\bar{A}=A$ である．(38.6) に $Ax=\lambda x$, $A\bar{x}=\bar{\lambda}\bar{x}$ を代入して

$$(\lambda x, \bar{x}) = -(x, \bar{\lambda}\bar{x}),$$
$$\lambda(x, \bar{x}) = -\bar{\lambda}(x, \bar{x}).$$

内積 $(x, \bar{x}) = \sum_i x_i \bar{x}_i$ は 0 でないことから

$$\lambda = -\bar{\lambda}$$

が成立する．   (終)

　実行列 A が $AA^T = E$（単位行列）なる関係式を満たすときに A のことを**直交行列**という．たとえば 2 次元の空間の直交座標の変換を示す式

$$x = x'\cos\theta - y'\sin\theta,$$
$$y = x'\sin\theta + y'\cos\theta$$

の係数の行列

$$A = \begin{bmatrix} \cos\theta & -\sin\theta \\ \sin\theta & \cos\theta \end{bmatrix}$$

は直交行列である．何となれば

$$AA^T = \begin{bmatrix} \cos\theta & -\sin\theta \\ \sin\theta & \cos\theta \end{bmatrix} \begin{bmatrix} \cos\theta & \sin\theta \\ -\sin\theta & \cos\theta \end{bmatrix}$$
$$= \begin{bmatrix} 1 & 0 \\ 0 & 1 \end{bmatrix} = E$$

となるからである．

定理 38.5.　直交行列 A の固有値の絶対値は 1 に等しい．

証明．　仮定により $AA^T = E$ が成り立つ．λ を A の固有値，x を $Ax = \lambda x$ ($x \neq 0$) のような列ベクトルとする．A が実行列であることから

$$\bar{A}\bar{x} = A\bar{x} = \bar{\lambda}\bar{x}.$$

したがって

$$\bar{x} = \bar{\lambda} A^{-1} \bar{x}.$$

$AA^T = E$ から $A^{-1} = A^T$ であるから，

$$\bar{x} = \bar{\lambda} A^T \bar{x}.$$

§38. 対称行列,固有値

ゆえに
$$A^T \bar{x} = \bar{\lambda}^{-1} \bar{x}.$$

関係式 $Ax = \lambda x$, $A^T \bar{x} = \bar{\lambda}^{-1} \bar{x}$ を
$$(Ax, \bar{x}) = (x, A^T \bar{x})$$

に代入して
$$(\lambda x, \bar{x}) = (x, \bar{\lambda}^{-1} \bar{x}),$$

すなわち
$$\lambda \bar{\lambda} (x, \bar{x}) = (x, \bar{x}),$$
$$\lambda \bar{\lambda} = 1$$

となって λ の絶対値が1となることが証明された. (終)

例題 1. 行列
$$A = \begin{bmatrix} 1 & 2 & 3 \\ 2 & -2 & 1 \\ 3 & 1 & -3 \end{bmatrix}$$

の固有値が実なることを確かめよ.

解. 対称行列の固有値は実数であることから,A の三つの固有値が実数であることがわかるが,これを直接に次のようにして示すことができる.

$$F(\lambda) = |A - \lambda E| = \begin{vmatrix} 1-\lambda & 2 & 3 \\ 2 & -2-\lambda & 3 \\ 3 & 1 & -3-\lambda \end{vmatrix}.$$
$$= -\lambda^3 - 4\lambda^2 + 13\lambda + 47$$

これに数値を入れて実際に計算することにより

λ	-5	-4	-3	-2	$\cdots$	3	4
$F(\lambda)$	7	-5	-55	13	$\cdots$	23	-29

上の表から $(-5, -4)$, $(-3, -2)$, $(3, 4)$ の三つの区間の中に実根が存在することがわかる.

例題 2. 行列
$$A = \begin{bmatrix} \cos\theta & -\sin\theta \\ \sin\theta & \cos\theta \end{bmatrix}$$

の固有値を求めよ.

解. 固有値 λ は

$$F(\lambda)=|A-\lambda E|=\begin{vmatrix} \cos\theta-\lambda, & -\sin\theta \\ \sin\theta & \cos\theta-\lambda \end{vmatrix}$$
$$=\lambda^2-2\lambda\cos\theta+1=0$$

の根であるから,

$$\lambda=\cos\theta\pm\sqrt{\cos^2\theta-1}=\cos\theta\pm i\sin\theta.$$

これらの2根の絶対値は1であることが容易にわかり定理 38.5 に述べた結果と一致する.

例題 3. 行列 A が $A^2=A$ なる関係を満足すれば A の任意の固有値 λ は $\lambda^2=\lambda$ なる関係を満足する(いいかえれば $\lambda=0$ または 1).

解. $A\boldsymbol{x}=\lambda\boldsymbol{x}$ $(\boldsymbol{x}\neq 0)$ のようなベクトル $\boldsymbol{x}$ に対して

$$A^2\boldsymbol{x}=A(A\boldsymbol{x})=A\lambda\boldsymbol{x}=\lambda A\boldsymbol{x}=\lambda^2\boldsymbol{x}$$

であるから,

$$0=(A^2-A)\boldsymbol{x}=(\lambda^2-\lambda)\boldsymbol{x}.$$

したがって

$$\lambda^2-\lambda=0. \qquad (終)$$

問 1. A が一般には実でない行列で $\bar{A}=A^T$ なる関係を満たすならば A の固有値は実なることを示せ.

問 2. λ が正則な行列 A の固有値ならば λ は 0 でないことおよび λ^{-1} が A^{-1} の固有値であることを証明せよ.

§39. 正規直交系

この節では実数を成分とするベクトル空間を考える. n 次元のベクトル空間は n 個の一次独立なベクトルをもつことは前に述べた.

$$\boldsymbol{e}_1=(1,0,\cdots,0), \quad \boldsymbol{e}_2=(0,1,0,\cdots,0),$$
$$\cdots\cdots\cdots\cdots, \quad \boldsymbol{e}_n=(0,0,0,\cdots,1)$$

を基本ベクトルとすれば, これらの長さ $|\boldsymbol{e}_1|, |\boldsymbol{e}_2|,\cdots,|\boldsymbol{e}_n|$ は 1 に等しく, か

§39. 正規直交系

つその任意二つの内積 (e_i, e_j) は 0 に等しい．

一般に二つのベクトルの内積が 0 であるとき，この二つのベクトルは**直交する**という．m 個のベクトル $v_1, v_2, \cdots, v_m$ の任意の二つが直交するとき，これらは**直交系**を形成するといい，特にそれらのベクトルの長さがすべて 1 に等しいとき，**正規直交系**と呼ぶ．

一般に n 個の一次独立なベクトル $v_1, v_2, \cdots, v_n$ が与えられたとき，任意のベクトル v は $v_1, v_2, \cdots, v_n$ の一次結合

$$x_1 v_1 + x_2 v_2 + \cdots + x_n v_n$$

として表わされ，$(x_1, x_2, \cdots, x_n)$ のことを座標系 $\{v_1, v_2, \cdots, v_n\}$ に関する**座標**と呼ぶ．これは斜交座標系に相当している．

次に座標系を変えた場合の座標の変化について調べることにする．

一つのベクトル v の座標系 $\{v_1, v_2, \cdots, v_n\}$ に関する座標を $(x_1, x_2, \cdots, x_n)$，$\{v_1', v_2', \cdots, v_n'\}$ に関する座標を $(x_1', x_2', \cdots, x_n')$ とする．

定義により

$$\begin{aligned} v &= x_1 v_1 + x_2 v_2 + \cdots + x_n v_n \\ &= x_1' v_1' + x_2' v_2' + \cdots + x_n' v_n'. \end{aligned}$$

一方 $v_1', v_2', \cdots, v_n'$ が一次独立であることから v_j は v_i' の一次結合となる．これを

(39.1) $$v_j = \sum_i s_{ij} v_i'$$

とおけば，

$$v = \sum_j x_j v_j = \sum_j \sum_i s_{ij} x_j v_i' = \sum_i x_i' v_i'.$$

ゆえに v_i' の係数を比較して

(39.2) $$x_i' = \sum_j s_{ij} x_j.$$

すなわち座標系を (39.1) の関係で動かすことは座標 $x_1, \cdots, x_n$ を (39.2) の関係によって動かすことと同等である．

定理 39.1. $v_1, v_2, \cdots, v_n$ が正規直交系であるとき $v_1', v_2', \cdots, v_n'$ が正規直交系となる条件は式 (39.1) の係数の行列 $s = (s_{ij})$ が直交行列なることである．

証明. $v_1', \cdots, v_n'$ は $v_1, \cdots, v_n$ の一次結合として表わすことができる.これを
(39.3) $$v_j' = \sum_i t_{ij} v_i$$
とすれば,
$$v_j' = \sum_i t_{ij} \sum_k s_{ki} v_k'$$
$$= \sum_k \sum_i s_{ki} t_{ij} v_k'.$$

したがって
$$\sum_i s_{ki} t_{ij} = \begin{cases} 1 \ (j=k), \\ 0 \ (j \neq k). \end{cases}$$

これを行列の形で書けば,
(39.4) $$ST = E \quad (S=(s_{ij}), \ T=(t_{ij})).$$
$v_1', v_2', \cdots, v_n'$ が正規直交系をなす条件は
(39.5) $$(v_i', v_j') = \delta_{ij} \quad (クロネッカーのデルタ).$$

$i \neq j$ ならばこの式は二つのベクトルが直交する条件を表わし,$i=j$ のときは右辺が1となってベクトルの長さが1となることを表わす.条件 (39.5) 式を書き直して
(39.5′) $$\left(\sum_r t_{ri} v_r, \sum_s t_{sj} v_s \right) = \delta_{ij}.$$

仮定 $(v_r, v_s) = \delta_{rs}$ によって上式の左辺は
$$\sum_{r,s} t_{ri} t_{sj} \delta_{rs} = \sum_r t_{ri} t_{rj}$$

となるから,(39.5′) は T の転置行列と T の積が単位行列となること,すなわち T が直交行列となることを示す.S は T の逆行列であるからこのことはまた S が直交行列であることを示している. (終)

定理 39.2. 長さ1なるベクトル v_1 を任意に与えれば $v_2, \cdots, v_n$ を適当にえらんで $v_1, v_2, \cdots, v_n$ が正規直交系を成すようにできる.

証明. $v_1, v_2, \cdots v_l \ (l < n)$ が正規直交系を成すようにできたものとする.第 $l+1$ 番目のベクトル $v = v_{l+1}$ をこれに付け加えて正規直交系とならしめるための条件は

$$(39.6) \qquad (v,v)=1,$$
$$(39.7) \qquad (v,v_i)=0 \quad (i=1,2,\cdots,l)$$

である.後者は $v=(x_1,x_2,\cdots,x_n)$, $v_i=(c_{i1},c_{i2},\cdots,c_{in})$ とおけば l 個の式よりなる連立一次方程式

$$\sum_{j=1}^{n} x_j c_{ij} = 0 \quad (i=1,2,\cdots,l)$$

となる.連立一次方程式に関する定理により,これはすべては0とならない解 $x_1, x_2, \cdots, x_n$ をもつ.このようにして得られたベクトル

$$v=(x_1,x_2,\cdots,x_n)$$

の長さが1でないときは,v をその長さ $|v|$ で割ったベクトルを改めて考えれば,これが求める条件 (39.6) および (39.7) を満足していることが分る.以上から任意の v_1 ($|v_1|=1$) を含む正規直交系の存在が証明された. (終)

問 1. 3次元ベクトル空間 V^3 で $v_1=\left(\dfrac{1}{\sqrt{2}}, \dfrac{1}{\sqrt{2}}, 0\right)$ を含む正規直交系を作れ.

問 2. 2次の直交行列はすべて

$$\begin{bmatrix} \cos\theta & \sin\theta \\ -\sin\theta & \cos\theta \end{bmatrix}$$

の形となることを証明せよ.

§40. 二 次 形 式

$A=(a_{ij})$ を n 次の対称行列とし,$x_1, x_2, \cdots, x_n$ を変数とするとき

$$(40.1) \qquad \sum_{i,j=1}^{n} a_{ij} x_i x_j$$

のことを**二次形式**という.

たとえば $n=2$ のときは

$$a_{11}x_1^2 + a_{12}x_1x_2 + a_{21}x_1x_2 + a_{22}x_2^2$$
$$= a_{11}x_1^2 + 2a_{12}x_1x_2 + a_{22}x_2^2.$$

すなわち変数を x, y と表わしたとき

$$(40.2) \qquad ax^2 + 2hxy + by^2$$

の形に書くことができる.また $n=3$ の場合には

$$a_{11}x_1^2 + a_{22}x_2^2 + a_{33}x_3^2$$
$$+ 2a_{12}x_1x_2 + 2a_{13}x_1x_3 + 2a_{23}x_2x_3.$$

すなわち変数を x, y, z として
$$ax^2 + by^2 + cz^2 + 2hxy + 2gxz + 2fyz$$
の形に書くことができる.

$\boldsymbol{x} = (x_1, x_2, \cdots, x_n)$ を一つの固定した座標系に関する座標, $A = (a_{ij})$ を二次形式の係数からつくられた行列とすれば, 内積
$$(A\boldsymbol{x}, \boldsymbol{x})$$
は
$$\sum_i (\sum_j a_{ij} x_j) x_i.$$
すなわち, ちょうどはじめの二次形式に等しい.

ただし上に $\boldsymbol{x}, A\boldsymbol{x}$ と書いたのは正しくは
$$\boldsymbol{x} = \begin{bmatrix} x_1 \\ x_2 \\ \vdots \\ x_n \end{bmatrix}.$$
$$A\boldsymbol{x} = \begin{bmatrix} \sum_j a_j x_j \\ \cdots\cdots\cdots \\ \sum_j a_{nj} x_j \end{bmatrix}$$
と書くべきところを便宜上行ベクトルの形に表わしたものである.

以上から座標軸を固定して考えれば内積 $(A\boldsymbol{x}, \boldsymbol{x})$ が二次形式を表わすことがわかった. 座標軸の変換の結果 x が変換 $\boldsymbol{x}' = S\boldsymbol{x}$ を受ければ, 二次形式は
$$(A\boldsymbol{x}', \boldsymbol{x}') = (AS\boldsymbol{x}, S\boldsymbol{x}) = (S^T A S \boldsymbol{x}, \boldsymbol{x})$$
の形に変わる. したがって
$$\sum_{i,j} a_{ij} x_i x_j = c$$
(2次元ならば曲線, 3次元ならば曲面)を適当な座標軸をえらんで標準型に直す問題は, 直交行列 S を適当にえらんで行列 $S^T A S$ を標準型に直すことと同

§40. 二 次 形 式

じ問題である．これに関して次の定理が成立する．

定理 40.1. A が対称行列ならば，直交行列 S を適当にえらんで

$$(40.2) \quad S^T A S = \begin{bmatrix} \lambda_1 & & & \\ & \lambda_2 & & \\ & & \ddots & \\ & & & \lambda_n \end{bmatrix}$$

の形にすることができる．

証明． 行列 A の次数 n について帰納法によって証明する．

λ を A の固有値の一つであるとする．A が対称行列であるから λ は実数である．x を

$$(A - \lambda E)x = 0 \quad (x \neq 0)$$

のようなベクトルとする．x の長さが 1 でないときには x をその長さで割ることにより，x の長さははじめから 1 であるものと仮定して差支えない．前節の定理により x を含む正規直交系

$$v_1 = x, \ v_2, \ \cdots, \ v_n$$

が存在する．

前に述べたように新らしい直交座標をえらぶことは A に $S^T A S$ (S: 直交行列) のような変形をすることと同等であるから，はじめから $v_1, v_2, \cdots, v_n$ が基本ベクトルで，A が

$$Av_1 = \lambda v_1$$

のような関係を満足するものと考えて差支えない．$v_1 = (1, 0, \cdots, 0)$, $v_2 = (0, 1, 0, \cdots)$, $\cdots$ と表わして

$$Av_1 = (a_{11}, a_{21}, \cdots, a_{n1})$$
$$= \lambda v_1 = (\lambda, 0, \cdots, 0).$$

すなわち $a_{21} = \cdots = a_{n1} = 0$ であるから A が対称行列であることにより

$$a_{12} = \cdots = a_{1n} = 0.$$

したがって

$$A = \begin{bmatrix} \lambda & 0 \cdots 0 \\ 0 & \\ \vdots & A_1 \\ 0 & \end{bmatrix}$$

の形となることが分る. A_1 の部分も次元が一次元低い対称行列であるから, 次元に関して帰納法を施すことによって定理が証明される.

注意. 上の証明の途中座票を変換して A を S^TAS の形のものをはじめから A そのもののように取り扱った. したがって, S が直交行列であるとき S^TAS が対称行列であることを示しておかなければ, 上の証明は正しくない. これを次に証明する.

一般に
$$(AB)^T = B^T A^T$$
であることは定義から容易にわかる. また T を二度施すことは転置行列をまた転置することであるから,
$$A^{TT} = A$$
が任意の行列に対して成立する.

以上の二つの注意から
$$(S^TAS)^T = S^T A^T S^{TT} = S^T A^T S$$
$$= S^TAS.$$
すなわち S^TAS は対称行列である.

定理 40.2. A が対称行列なるとき定理 40.1 における $\lambda_1, \lambda_2, \cdots, \lambda_n$ は A の固有値である.

証明. S が直交行列であるから $SS^T = E$, すなわち $S^T = S^{-1}$ である. したがって,
$$S^TAS = S^{-1}AS$$
であるから, 定理 38.1 により A と S^TAS の固有値は一致する. 一方 (40.2) の右辺の固有値は $\lambda_1, \lambda_2, \cdots, \lambda_n$ であるから, 定理が証明された.　　　　（終）

例題 1. 上記の二つの定理の意味を理解するため $n=2$ の場合について具体的に証明を吟味して見よう. この場合二次形式
$$a_{11}x_1^2 + 2a_{12}x_1x_2 + a_{22}x_2^2$$
を通常の記号で書き表わして
$$f(x, y) = ax^2 + 2hxy + by^2$$
$$(a = a_{11},\ h = a_{12},\ b = a_{22}).$$
座標変換後の新らしい座標を x', y' とすれば,
$$x' = x\cos\theta + y\sin\theta,$$

§40. 二次形式

$$y' = -x\sin\theta + y\cos\theta$$

が成立することは前に述べた．θ は座標軸の回転の角である．x, y 軸は x', y' 軸から見れば $-\theta$ 回転していることとなるから同じ公式で

$$x = x'\cos\theta - y'\sin\theta,$$
$$y = x'\sin\theta + y'\cos\theta$$

が得られる．座標の回転の後に

$$f(x, y) = Ax'^2 + 2Hx'y' + By'^2$$

になったものとすれば，

$$f(x, y) = a(x'\cos\theta - y'\sin\theta)^2$$
$$+ 2h(x'\cos\theta - y'\sin\theta)(x'\sin\theta + y'\cos\theta)$$
$$+ b(x'\sin\theta + y'\cos\theta)^2.$$

ゆえに

$$A = a\cos^2\theta + 2h\sin\theta\cos\theta + b\sin^2\theta,$$
$$B = a\sin^2\theta - 2h\sin\theta\cos\theta + b\cos^2\theta.$$

また H に対しては簡単な変形により

(40.3)
$$2H = 2(b-a)\sin\theta\cos\theta + 2h(\cos^2\theta - \sin^2\theta)$$
$$= (b-a)\sin 2\theta + 2h\cos 2\theta.$$

定理によれば θ を適当に選べば $H=0$ にすることができる．またそのとき，A, B は

(40.4)
$$\begin{bmatrix} a & h \\ h & b \end{bmatrix} \left(= \begin{bmatrix} a_{11} & a_{12} \\ a_{21} & a_{22} \end{bmatrix} \right)$$

の固有値であることは定理によって知られているが，上の A, B の値を直接に代入して確かめることも可能である．

次に実際に A, B を求めることについて考察して見る．

まず回転の角を求めるには (40.3) を 0 とおいて

(40.5)
$$\tan 2\theta = \frac{2h}{a-b}.$$

θ は第一象限の角であるとすればこの式から θ が決定される．

最後に行列（40.4）の固有値のどちらを A, B とすべきかを定めなければならない．まず式（40.3）と類似に新らしい座標軸から $-\theta$ だけ回転して古い座標軸が得られたものと考えれば，

$$2h = -(B-A)\sin 2\theta + 2H\cos 2\theta;$$

(40.6) $\qquad\qquad 2h = (A-B)\sin 2\theta.$

θ を第一象限にえらんでおけば $\sin 2\theta$ は正であるから h と $A-B$ は同じ符号をもつ．したがって $h>0$ であれば固有値の大きい方を A とし，$h<0$ であれば小さい方を A とすればよい．

例題 2. 曲線 $2x^2 - 6xy + 3y^2 = 5$ を標準型に直せ．

解． θ を第一象限の角として，座標軸を θ だけ回転した後の方程式が

$$AX^2 + BY^2 = 0$$

となったものとする．行列

$$\begin{bmatrix} 2 & -3 \\ -3 & 3 \end{bmatrix}$$

の固有値を求める式は

$$\begin{vmatrix} 2-\lambda & -3 \\ -3 & 3-\lambda \end{vmatrix} = \lambda^2 - 5\lambda - 3 = 0.$$

したがって，

$$\lambda = \frac{1}{2}(5 \pm \sqrt{37}).$$

$h = -3 < 0$ であるから，

$$A = \frac{1}{2}(5 - \sqrt{37}), \quad B = \frac{1}{2}(5 + \sqrt{37}).$$

θ を求める式（40.5）から

$$\tan 2\theta = \frac{2h}{a-b} = \frac{-6}{2-3} = 6.$$

θ を具体的に求めることはできないがこの式によって θ を作図することができる．また数表によって $\theta \doteqdot 0.70\cdots = 40°17'$ であることが分る．以上から求め

標準型は上記の角だけ回転した後

$$\frac{1}{2}(5-\sqrt{37})X^2+\frac{1}{2}(5+\sqrt{37})Y^2=5$$

の形で与えられることが分った.

これはいわゆる双曲線である.

これらの二次曲線についての詳しい性質は解析幾何学に関する参考書によって研究されたい.

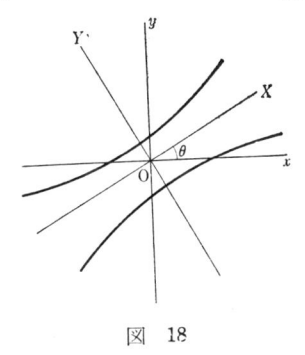

図 18

問 1. 係数の行列が

$$A=\begin{bmatrix}8 & 2 & 1\\2 & 2 & -4\\1 & -4 & 3\end{bmatrix}$$

であるような二次形式の標準型を求めよ.

問 2. 曲線 $5x^2+4xy+y^2=3$ を標準型に直せ.

問 題 9

1. $A=\begin{pmatrix}a & b\\c & d\end{pmatrix}$ を二次の行列とするとき,次の等式を証明せよ:

$$A^2-\alpha A+\beta E=0$$
$$(\alpha=a+d,\ \beta=|A|).$$

（注） 一般に行列 $A=(a_{ij})$ の対角線の和 $\sum a_{ii}$ を跡と呼び $\mathrm{Sp}\,A, \mathrm{tr}\,A$ 等と表わす.

2. A, B を任意の行列とするとき,

$$\mathrm{Sp}\,AB=\mathrm{Sp}\,BA$$

を証明せよ.

3. 次の等式を証明せよ:

$$\begin{bmatrix}A & 0\\0 & B\end{bmatrix}^{-1}=\begin{bmatrix}A^{-1} & 0\\0 & B^{-1}\end{bmatrix}.$$

ここに A, B はそれぞれ m 次および n 次の正則行列を表わす.

4. A, B を n 次の行列とすれば $A+B$ の階数は A, B の階数の和を越えないことを証明せよ.

5. A, B を n 次の行列とすれば AB の階数は A の階数を越えないことを証明せよ.

6. 次の行列の逆行列を求めよ:

$$A = \begin{bmatrix} 2 & 1 & 3 & -2 \\ -1 & 0 & 2 & 3 \\ 4 & 2 & -3 & -1 \\ -5 & 3 & 1 & 2 \end{bmatrix}.$$

7. 任意の実な行列は対称行列と交代行列の和であることを証明せよ.
8. λ が A の固有値ならば $\lambda^2+\lambda$ は A^2+A の一つの固有値であることを証明せよ.
9. 三次元ベクトル空間で $\dfrac{1}{\sqrt{3}}(1,1,1)$ を含む正規直交系をつくれ.
10. 次の行列の固有値を求めよ:
$$A = \begin{bmatrix} 2 & 1 & 2 \\ 2 & 3 & -2 \\ -1 & -3 & -2 \end{bmatrix}.$$
11. 行列
$$A = \begin{bmatrix} 2 & 1 & 3 \\ 1 & -1 & a \\ 3 & a & -33 \end{bmatrix}.$$
が3を固有値にもつように $a\,(>0)$ を定め, またこのとき A を係数にもつような二次形式の標準型を求めよ.
12. 曲線 $3x^2+2\sqrt{3}\,xy+y^2=3$ を標準型に直せ.

第10章 総　　括

以上でわれわれは一応目的とした所まで学び終った．この付録では繁雑を避けるため割愛してあった二三の事項を一まとめにして述べることにする．講義または勉学の方針によってこれらを適当な個所に挿入して研究せられても差支えない．

§41. 実根の個数に関するスツルムの定理

第6章で述べた実根の限界に関する諸定理はいずれも実用的なもので，理論的には不完全なものである．次にスツルム(Sturm)による定理について述べる．

重根の求め方についてはすでに第6章の §21 で述べてあるので，実係数方程式 $f(x)=0$ は重根をもたないものと仮定しよう．したがって $f(x)$ とその導函数 $f'(x)$ は共通因数をもたない．

次に $f(x)$ と $f'(x)$ にユークリッドの互除法を行ってその最大公約数(この場合は 0 でない定数)を求める計算を実施すれば，

$$(41.1) \quad \begin{cases} f(x)=q_1(x)f'(x)-f_2(x), \\ f'(x)=q_2(x)f_2(x)-f_3(x), \\ f_2(x)=q_3(x)f_3(x)-f_4(x), \\ \cdots\cdots\cdots\cdots\cdots\cdots\cdots\cdots\cdots, \\ f_{m-2}(x)=q_{m-1}(x)f_{m-1}(x)-f_m. \end{cases}$$

ここに便宜上剰余は $-f_2(x),\ -f_3(x),\ \cdots$ の形に表わした．f_m は 0 でない定数を表わす．このようにして得られた整式の列

$$(41.2) \quad f_0(x),\ f_1(x),\ f_2(x),\ \cdots,\ f_m$$
$$(f_0(x)=f(x),\ f_1(x)=f'(x))$$

のことを**スツルムの函数列**と呼ぶ．

$$(41.3) \quad f_0(a),\ f_1(a),\ f_2(a),\ \cdots,\ f_m$$

の符号の変化の数を $V(a)$ とすれば次の**スツルムの定理**が成立する．

定理 41.1. $a<b$ で a, b は $f(x)$ の根でないならば，a と b の間にある $f(x)$ の実根の個数は $V(a)-V(b)$ に等しい．

証明． x が a から b まで変化する間に符号の変化の個数が変わるのはどれかの $f_i(x)$ が 0 となる x の値の前後である．

いま α を $f_i(x)$ の根とすれば $f_{i-1}(\alpha) \neq 0$, $f_{i+1}(\alpha) \neq 0$ である．何となれば函数列 (41.3) の相隣る二つの函数が $x=\alpha$ において 0 となれば，(41.1) によって順次に添数の小さい函数が 0 となることが示され，$f(\alpha)=f'(\alpha)=0$ となり，$f(x)$ が重根をもつこととなって仮定に反する．

x が $f_i(x)$ の根 α を通過して $f_i(x)$ が符号を変えたとしても，スツルム函数列はその前後で符号の変化の個数は変化しない．何とならば $f_i(\alpha)=0$ のとき，
$$f_{i-1}(\alpha)=q_i(\alpha)f_i(\alpha)-f_{i+1}(\alpha)$$
$$=-f_{i+1}(\alpha)$$
であるから，$f_{i-1}(\alpha)$, $f_{i+1}(\alpha)$ は異符号であり，$x \doteqdot \alpha$ のとき $f_{i-1}(x)$, $f_{i+1}(x)$ はやはり異符号であるから，今述べた事柄が成立する．

以上から符号変化の個数が変わるのは，$f(x)$ の根 α を x が通過するときに限ることが分る．
$$f(\alpha+h)=f(\alpha)=f'(\alpha)h+\frac{f''(\alpha)}{2!}h^2+\cdots$$
$$=f'(\alpha)h+\frac{f''(\alpha)}{2!}h^2+\cdots$$
において $|h|$ が十分小さければ，
$$f(x)=f(\alpha+h) \doteqdot f'(\alpha)h$$
であり，$f'(\alpha) \neq 0$ であるから $h>0$ であるならば $f(x)$ は $f'(\alpha)$ と同符号，$h<0$ ならば異符号である．ところが $x=\alpha+h$ において h が十分小さいとき $f'(x)$ と $f'(\alpha)$ は同符号であるから，x が α を通過して増加するとき符号の変化の個数は 1 だけ減ずることが示された．かくして符号の変化の個数は x が $f(x)=0$ の根を通過するたびに一つずつ減ずることが分り，$V(a)-V(b)$

が (a, b) 間の実根の個数に等しいことが証明された．

例題 1. スツルムの定理は重根のある場合に対しても成り立つ．ただし重根は 1 個と数えるものとする．

解. $f(x)$ の重根は $f(x)$ と $f'(x)$ の最大公約数 $d(x)$ の根である．(41.1) の計算は $f(x), f'(x)$ の最大公約数 f_m を求める計算であるから $f_m(x)=d(x)$ であるものとしてよい．この場合には定理に述べた場合と異なり $f_m(x)$ は定数とはならない．また (41.1) の第一式から $f_2(x)$ が $d(x)$ で整除されることが分り，次に第二式から $f_3(x)$ が $d(x)$ で整除されることが分る．以下同様にして $f_i(x)$ はすべて $d(x)$ によって整除される．

$$f_0(x), \ f_1(x), \ f_2(x), \ \cdots, \ f_m(x)$$

の符号の変化の個数は

$$g_0(x)=\frac{f_0(x)}{d(x)}, \ g_1(x)=\frac{f_1(x)}{d(x)}, \ g_2(x)=\frac{f_2(x)}{d(x)}, \ \cdots, \ g_m(x)=\frac{f_m(x)}{d(x)}$$

の符号の変化の個数と一致する．

$g_0(x), g_1(x), \cdots, g_m(x)$ は前定理のスツルム函数列と同様の性質をもつ．すなわちまず $f_i(x), f_{i+1}(x)$ の最大公約数は $d(x)$ であるから $g_i(x), g_{i+1}(x)$ は共通因数をもたない．したがって，$f_i(x), g_{i+1}(x)$ が同時に 0 となることはない．$g_m(x)=1$ であるから前定理の f_m が 0 でない定数であるという仮定が満たされている．また $g_i(x), g_{i+1}(x), \cdots$ の間には (41.1) と同じ関係式が成立すること，$f(\alpha+h) \doteqdot f'(\alpha)h$ すなわち $f_0(\alpha+h) \doteqdot f_1(\alpha)h$ に相当する近似式 $g_0(\alpha+h) \doteqdot g_1(\alpha)h$ が成立することから前定理の証明がそのまま $g_0(x), g_1(x), \cdots, g_m(x)$ にもあてはまって例題の証明が終る．

例題 2. $f(x)=x^4-3x^3-x^2+2x-1$ の正根および負根の個数を求めよ．

解. スツルム函数列を求めれば，

$$f_0(x)=x^4-3x^3-x^2+2x-1,$$
$$f_1(x)=f'(x)=4x^3-9x^2-2x+2.$$

$f_2(x)$ 以下は (41.1) で定義されたものに正の定数を乗じて簡単にしておいても符号の変化を調べるのには差支えない．

$$f_2(x) = 35x^2 - 18x + 10,$$
$$f_3(x) = 514x - 305,$$
$$f_4(x) = -1.$$

正根の個数は $V(0) - V(\infty)$, 負根の個数は $V(-\infty) - V(0)$ に等しい.

x	$f_0(x)$	$f_1(x)$	$f_2(x)$	$f_3(x)$	$f_4(x)$
$-\infty$	$+$	$-$	$+$	$-$	$-$
0	$-$	$+$	$+$	$-$	$-$
∞	$+$	$+$	$+$	$+$	$-$

したがって正根の個数は $V(0) - V(\infty) = 2 - 1 = 1$, 負根の個数は $V(-\infty) - V(0) = 3 - 2 = 1$ である.

問 1. 次の方程式の実根の個数を求めよ:
 (1) $x^4 - 3x^3 + 2x - 10 = 0,$
 (2) $x^3 - 7x^2 + 8x - 4 = 0.$

問 2. 二次方程式 $ax^2 + 2bx + c = 0$ が二つの実根をもつための条件をスツルムの定理によって求めよ. ただし $b^2 - ac \neq 0$ とする.

§42. 複素根の近似値に関するグレッフェの方法

今までは複素根の近似値の求め方について触れなかったので, グレッフェ (Graeffe) の方法について述べることとする.

方程式
$$f(x) = x^n + a_1 x^{n-1} + a_2 x^{n-2} + \cdots + a^n = 0$$
の二つの根 α_1, α_2 の絶対値が不等式 $|\alpha_1| > |\alpha_2|$ を満たすものとすれば, k が十分大きいとき α_1^k / α_2^k は限りなく大となる. この事実を k が $2, 4, 8, 16, \cdots$ の場合に適用して, 絶対値の異なる根を分離して簡単な方程式に変形するのがグレッフェの考えである.

次に $f(x)$ の根の k ベキを根とする方程式 $g(x) = 0$ で, 絶対値の異なる根は十分に分離されているものとする.
$$g(x) = (x - \beta_1)(x - \beta_2) \cdots (x - \beta_n)$$

§42. 複素根の近似値に関するグレッフェの方法

$$= x^n + b_1 x^{n-1} + \cdots + b_n$$

において絶対値の大きさは

$$\beta_1 \sim \beta_2 \sim \cdots \sim \beta_l \gg \beta_{l+1} \sim \beta_{l+2} \sim \cdots \sim \beta_m \gg \cdots$$

であるものとする. ここに $\sim$ は絶対値が大体同じことを示し, $\gg$ は著しく大きいことを示す記号である.

いま β が $\beta_1, \cdots, \beta_l$ のいずれかであれば,

(42.1)
$$\begin{cases} b_1 \ll \beta \text{ または } b_1 \sim \beta, \\ b_2 \ll \beta^2 \text{ または } b_2 \sim \beta^2, \\ \cdots\cdots\cdots\cdots\cdots\cdots\cdots ; \\ b_{l-1} \ll \beta^{l-1} \text{ または } b_{l-1} \sim \beta^{l-1}, \\ b_l \sim \beta^l, \\ b_{l+1} \beta \ll^{l+1}, \\ \cdots\cdots\cdots\cdots, \\ b_n \ll \beta^n. \end{cases}$$

たとえば

$$b_1 = -(\beta_1 + \beta_2 + \cdots + \beta_n)$$

の右辺において $\beta_1, \cdots, \beta_l$ 以外は省略して差支えないので一般には

$$b_1 \sim -(\beta_1 + \cdots + \beta_l) \sim \beta$$

であるが, $\beta_1 = -\beta_2$, $\beta_1 + \beta_2 = \beta_3$ などのように右辺の最高位の大きさの部分が互いに消しあう場合にはそれよりも低位の大きさとなり, 大きく見積って $\beta_{l+1}, \cdots$ の大きさとなる. $b_2, b_3, \cdots$ の場合も同様である. 特に b_l に対しては

$$\pm b_l = \beta_1 \beta_2 \cdots \beta_l + \cdots\cdots + \beta_{n-l+1} \cdots \beta_n$$

の右辺の第一項は $\sim \beta^l$ で, 第二項以下は β より低位の因数を含み $\ll \beta^l$ となることから前記の $b_1, b_2 \cdots$ の場合のように若干の項が消し合うことがなく, $b_l \sim \beta^l$ が成立する. したがって, 等式

$$\beta^n + b_1 \beta^{n-1} + \cdots + b_n = 0$$

において, はじめの $l+1$ 項の和

$$\beta^n + b_1 \beta^{n-1} + \cdots + b_l \beta^{n-l}.$$

以下の部分は省略してよい．以上から $\beta_1, \beta_2, \cdots, \beta_l$ を近似根にもつ代数方程式

(42.2) $$\beta^l + b_1 \beta^{l-1} + \cdots + b_l = 0$$

が得られる．

(42.2) のことを $\beta_1, \cdots, \beta_l$ を根にもつ**切断**という．

次に $\beta_{l+1}, \cdots, \beta_m$ の中の一つを γ とする．$\gamma^n, b_1 \gamma^{n-1}, b_2 \gamma^{n-2}, \cdots, b_l \gamma^{n-l}$ の大きさは大きく見積って $\gamma^n, \beta \gamma^{n-1}, \beta^2 \gamma^{n-2}, \cdots, \beta^l \gamma^{n-l}$ であるから $b_l \gamma^{n-l}$ が最大の項である．

$$\pm b_{l+1} = \beta_1 \cdots \beta_l \beta_{l+1} + \cdots$$

の右辺の各項は明らかに高々 $\beta^l \gamma$ であるから

$$b_{l+1} \gamma^{n-l-1}$$

は高々 $\beta^l \gamma^{n-l}$ の大きさである．以下同様にして $b_m \gamma^{n-m}$ までは高々 $\beta^l \gamma^{n-l}$ であるが，

(42.3) $$b_{m+1} \gamma^{n-m-1} \ll \beta^l \gamma^{n-l}$$

である．何となれば，

$$\pm b_{m+1} = \beta_1 \cdots \beta_{m+1} + \cdots$$

の右辺で最大の項は β の大きさの因数 l 個，γ の大きさの因数 $m-l$ 個，その他の因数はそれよりも小さい大きさをもつから

$$b_{m+1} \ll \beta^l \gamma^{m-l}.$$

したがって，(42.3) が成立する．

同じようにして $b_{m+2} \gamma^{n-m-2}$ 以下の項の大きさを見積ることができて，小さい項を省略して

$$b_l \gamma^{n-l} + \cdots + b_m \gamma^{n-m} = 0$$

なる関係が得られることが分った．すなわち $\beta_{l+1}, \cdots, \beta_m$ は近似的に第二の切断

(42.4) $$b_l \gamma^{m-l} + \cdots + b_m = 0$$

の解となることが示された．

以上の結果をまとめて次の原理が得られる．

§42. 複素根の近似値に関する**グレッフェ**の方法

定理 42.1. $g(x)$ の根が十分分離されているとき根の近似値を求めるには
$$g(x) = \underbrace{x^n + b_1 x^{n-1} + \cdots} + \underbrace{b_l x^{n-l} + \cdots + b_m x^{n-m}} + \cdots$$
のような切断を作ってそれらを0に等しいものとおいて解けばよい.

次の問題は切断の起る $l, m, \cdots$ などの場所を決定することである.

$\beta, \gamma, \cdots$ は前と同様とする. 上の証明の途中に述べた事柄を整理して

b_1 は β 以下, b_2 は β^2 以下, $\cdots, b_{l-1}$ は β^{l-1} 以下, $b_l \sim \beta^l$, b_{l+1} は $\beta^l \gamma$ 以下, b_{l+2} は $\beta^l \gamma^2$ 以下, $\cdots b_m \sim \beta^l \gamma^{m-l}, \cdots$

などの関係が得られる. したがって $b_0 = 1, |b_1|, |b_2|, |b_3|, \cdots$ の対数を $y_0, y_1, y_2, \cdots$ とすれば, 平面上の点 $P_i = (i, y_i)$ の図に対して $P_0, P_1, \cdots, P_l$ は P_0, P_l を結ぶ線分の下にあり, $P_l, P_{l+1}, \cdots, P_m$ は線分 $P_l P_m$ の下にあることが分る. また $P_0, P_l, P_m, \cdots$ を結ぶ折れ線は $P_l, P_m, \cdots$ で実際に折れることが, 上に述べた b_i の大きさから分る. 以上から

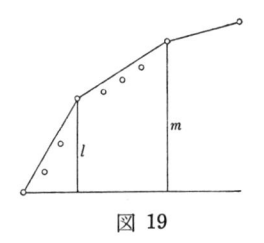

図 19

定理 42.2. $\log |b_i| = y_i$ を縦座標として点 $P_i = (i, y_i)$ $(i = 0, 1, 2, \cdots)$ をすべて含む上に凸な多角形 (これを**ニュートンの多角形**と呼ぶ) の頂点が切断の起る個所である.

この定理は $y_i = \log |b_i|$ の代りにこれに大体比例する数であっても差支えない. 実際問題に応用するには次のような簡便な方法で十分である. すなわち
$$3.5764^8 = 3.5764 \times 10^8$$
のような記法を用いることにすれば, この数の常用対数は概略 8 であると考えて差支えない.

以上から残る問題は与えられた方程式 $f(x) = 0$ の根 $\alpha_1, \alpha_2, \cdots, \alpha_n$ の十分高いベキを根とする方程式の計算だけとなった. α_i^2 $(i=1, 2, \cdots, n)$ を根とする多項式を求めるには
$$(x^n + a_1 x^{n-1} + a_2 x^{n-2} + \cdots)$$
$$\times (x^n - a_1 x^{n-1} + a_2 x^{n-2} - + \cdots) = \pm f(x) f(-x)$$

を整頓して（これは x の偶函数であるから x^2 の多項式となる）x^2 の代りに x と書けばよい．一般に $g(x)$ が**偶函数**（すなわち $g(-x)=g(x)$）であれば

$$g(x)=x^m+c_1x^{m-1}+c_2x^{m-2}+\cdots$$
$$=g(-x)=(-1)^m\{x^m-c_1x^{m-1}+c_2x^{m-2}-+\cdots\}$$

であるから，両辺の項を比較して奇数次の項が消失することがいわれ，上に述べたことが成立するのである．

$\pm f(x)f(-x)$ の計算は次の様式による．

1	a_1	a_2	a_3	$\cdots$	a_n
1	$-a_1$	a_2	$-a_3$	$\cdots$	$(-1)^n a_n$
1	$-a_1^2$	a_2^2	$-a_3^2$	$\cdots$	$(-1)^n a_n^2$
	$2a_2$	$-2a_1a_3$	$2a_2a_4$	$\cdots$	
		$2a_4$	$-2a_1a_5$	$\cdots$	
			$2a_6$	$\cdots$	
（和） 1,	$-a_1^2+2a_2$,	$\cdots$			(2P)

(2P) は平方の意味で P はベキ (Power) の頭文字を示したものである．

以上の計算法を例題によって見ることとしよう．

例題 1. 次の方程式の根の近似値を求めよ：

$$f(x)=x^5-7x^4+32x^3-32x^2+31x-25=0.$$

解. $f(x)$ の根の平方，4乗，8乗，$\cdots$ を根とする整式を求め，根を分離する．

1	-7	32	-32	31	-25	
1	7	32	32	31	25	
1	-49	1024	-1024	961	-625	
	64	-448	1984	-1600		
		62	-350			
1	15	638	610	-639	-625	(2P)
+	$-$	+	$-$	$-$	+	
1	-225	407044	-372100	408321	-390625	

§42. 複素根の近似値に関するグレッフェの方法

	1276	−18300	−815364	762500	
		−1278	18750		
1	1051	3.8747^5	-1.1687^6	1.1708^6	-3.9063^5 (4P)
1	−	+	+	+	+
1	-1.1046^5	1.5013^{11}	-1.3659^{12}	1.3707^{12}	-1.5259^{11}
	7.7494^5	2.4566^9	9.0730^{11}	-9.1306^{11}	
		2.3416^6	8.2110^8		
1	-3.2970^5	1.5259^{11}	-4.5778^{11}	4.5764^{11}	-1.5259^{11} (8P)

切断が第三項で起ることが大体明らかであるから定理により

(42.5) $\qquad x^2-3.2970^5 x+1.5259^{11}=0,$

(42.6) $\qquad 1.5259^{11}x^3-4.5778^{11}x^2+4.5764^{11}x-1.5259^{11}=0,$

を解いてはじめの方程式の根の8乗の近似値が得られる.

(42.6) 式を x^3 の係数で割って

(42.7) $\qquad x^3-3.00x^2+3.00x-1.00=0.$

この方程式の3根 $\gamma_1, \gamma_2, \gamma_3$ の絶対値は大体等しく，またその積は

$$\gamma_1\gamma_2\gamma_3=1$$

であるから，近似的に $|\gamma_1|=|\gamma_2|=|\gamma_3|=1$ である. (42.7) の左辺は概略

$$x^3-3x^2+3x-1=(x-1)^3$$

であるから $\gamma_1, \gamma_2, \gamma_3 \fallingdotseq 1$. これに相当する $f(x)=0$ の根を $\alpha_1, \alpha_2, \alpha_3$ とすれば $\alpha_i{}^8=\gamma_i \fallingdotseq 1$ であるから，α_i $(i=1, 2, 3)$ は近似的に

$$\pm 1, \ \pm i, \ \pm\frac{1}{\sqrt{2}}(1+i)$$

に等しい. 実際にこの8個を代入して験すことにより，この問題の絶対値が大体1となるような解は

$$\alpha_1=1, \ \alpha_2=i, \ \alpha_3=-i$$

であることが分る(これは近似値ではなく正確な解となっている).

次に (42.5) の解を β_1, β_2 とすれば $|\beta_1|\fallingdotseq|\beta_2|$ であるから，

$$|\beta_1|\fallingdotseq|\beta_2|\fallingdotseq\sqrt{1.5259^{11}}.$$

さらに β_1, β_2 に対応する $f(x)$ の根を α_4, α_5 とすれば $\beta_1 = \alpha_4{}^8, \beta_2 = \alpha_5{}^8$ であるから,
$$|\alpha_4| \fallingdotseq |\alpha_5| \fallingdotseq \sqrt[16]{1.5259^{11}}.$$
対数表によって右辺を計算して
(42.7) $\qquad |\alpha_4| \fallingdotseq |\alpha_5| \fallingdotseq 5.0000.$

このことは次のようにしても想像されることである.すなわち与えられた方程式の定数項が -25 であるから,
$$\alpha_1 \alpha_2 \alpha_3 \alpha_4 \alpha_5 = 25.$$
ここに $\alpha_1 = 1, \alpha_2 = i, \alpha_3 = -i$ であるから,
(42.8) $\qquad \alpha_4 \alpha_5 = 25.$

したがって,もし α_4, α_5 が共役複素数であるならばそれらの絶対値はちょうど 5 となって上の事実と一致する.

α_4, α_5 を求めるには (42.5) を解き,その 8 乗根を二項方程式の解法によって求めてその解を代入して与式に適合するものを見出すのが着実な方法であるが,一般には労力が小さくないので適宜に次のような便法を用いることが望ましい.すなわち
$$\alpha_4 = a + bi, \quad \alpha_5 = c + di$$
とおけば,根と係数の関係から
$$7 = \alpha_1 + \alpha_2 + \alpha_3 + \alpha_4 + \alpha_5$$
$$= 1 + i - i + (a+c) + (b+d)i.$$
ゆえに
(42.9) $\qquad a + c = 6, \quad b + d = 0.$

$|\alpha_4| \fallingdotseq |\alpha_5| \fallingdotseq 5$ から
$$a^2 + b^2 \fallingdotseq c^2 + d^2 \fallingdotseq 25.$$
一方 $b = -d, |b| = |d|$ であるから $|a| \fallingdotseq |c|$ また (42.8) から
(42.10) $\qquad (ac - bd) + (bc + ad)i = 25,$
(42.11) $\qquad bc + ad = bc - ab = b(a-c) = 0.$

もし $b = 0$ ならば (42.9) から $a + c = 6,$ (42.10) から $ac - bd = ac = 25.$ こ

の両式から a, c が虚数となって矛盾を生ずる．したがって $b \neq 0$ となり (42. 11) から $a-c=0$.

以上から
$$\alpha_4 = a+bi, \quad \alpha_5 = a-bi,$$
$$a+c = a+a = 6, \quad \therefore \ a = 3.$$
$$a^2 + b^2 = 25, \quad \quad \therefore \ b = \pm 4.$$

すなわち α_4, α_5 は $3 \pm 4i$ であることが示された．

上に得られた結果をまとめて根は $1, \pm i, 3 \pm 4i$ で，この例では近似値ではなく正確な根がグレッフェの近似値を仲介として求められた．

問 1. 次の方程式の根の近似値をグレッフェの方法により求めよ：
$$x^3 + 2x^2 + 5x - 25 = 0.$$

問 2. 次の方程式の根の近似値を求めよ：
$$x^3 - 5x^2 + 10x - 15 = 0.$$

§43. 方程式論の基本定理

いままで代数方程式について論ずる場合，少なくとも一つ根をもつことは仮定して論じた．この事実は代数学の基本的な深い定理で，その根底には実数の本質的な性質が潜んでいる．ここでは予備知識の少ない範囲で証明の概略を示すこととする．いま，与えられた方程式を
$$f(x) = x^n + a_1 x^{n-1} + \cdots + a_n = 0$$
とする．
$$f(x) = x^n \left(1 + a_1 \frac{1}{x} + a_2 \frac{1}{x^2} + \cdots + a_n \frac{1}{x^n} \right)$$
と書くことができるから，x が十分大なるとき右辺の第二因数の絶対値は概略 1 となり $|f(x)|$ が限りなく大となる．したがって $|x| > r$ のとき $|f(x)| > |f(0)|$ のような r が存在する．$|x| \leq r$ のとき $|f(x)|$ が最小となるような x の値 α が存在することは実数論の知識を必要とするので最初に述べたようにここでは省略する．$|x| > r$ ならば $|f(x)| > |f(0)|$ であるから $|f(x)|$ は全平面において $x = \alpha$ で最小となる．$g(x) = f(x+\alpha)$ とおけば $|g(x)|$ は $x=0$

のとき最小となる．もし $g(0)=0$ であれば $f(\alpha)=0$，すなわち $x=\alpha$ が $f(x)$ の根となって基本定理が成立することが示されたことになる．したがって，$g(0) \not= 0$ と仮定して矛盾を生ずることを示す．

$g(x)$ を x の昇ベキの順に表わして
$$g(x)=b_0+b_1x+b_2x^2+\cdots+b_nx^n$$
$$(b_0=g(0)\not=0).$$

$b_1, b_2, \cdots$ の中で 0 とならぬ最初のものを b_m とする．したがって，
$$g(x)=b_0+b_mx^m+b_{m+1}x^{m+1}+\cdots+b_nx^n$$
$$(b_0\not=0,\ b_m\not=0).$$

いま
$$\frac{b_m}{b_0}=r(\cos\theta+i\sin\theta)\quad(r>0)$$

であるとし，ρ を $1-r\rho^m>0$ かつ $\rho<1$ のような小さい正数とする．このとき
$$x=\rho\left(\cos\frac{\pi-\theta}{m}+i\sin\frac{\pi-\theta}{m}\right)$$

とおけば，
$$|g(x)|\leq|b_0+b_mx^m|+|b_{m+1}|\rho^{m+1}+\cdots+|b_n|\rho^n$$
$$\leq|b_0|(1-r\rho^m)+|b_0|M\rho^{m+1}+\cdots+|b_0|M\rho^n.$$

ここに M は次の数の最大値を表わす：
$$\frac{|b_{m+1}|}{|b_0|},\ \frac{|b_{m+2}|}{|b_0|},\ \cdots,\ \frac{|b_n|}{|b_0|}.$$

したがって，さらに上式の右辺から
$$|g(x)|\leq|b_0|\{(1-r\rho^m)+M\rho^{m+1}(1+\rho+\rho^2+\cdots)\}$$
$$=|b_0|\left\{(1-r\rho^m)+\frac{M\rho^{m+1}}{1-\rho}\right\}.$$

ρ を十分小さくとって
$$\delta=r\rho^m-\frac{M\rho^{m+1}}{1-\rho}=\rho^m\left(r-\frac{M\rho}{1-\rho}\right)$$

が 0 と 1 の間にあるようにとれる．すなわち

$$|g(x)| \leq |b_0|(1-\delta) < |b_0| = |g(0)|$$

となり，$|g(0)|$ が最小値となることに矛盾する．これで代数方程式 $f(x)=0$ が根をもつことが証明された． （終）

§44. 公理的方法

以上で代数学の種々の事項について述べた．歴史的にいえば二次方程式の解法はすでにバビロニアにおいて知られ，三次方程式，四次方程式の解法は近世になってはじめて解決せられた．三次方程式の解法をめぐって，複素数を数の領域に導入することの必要性がしだいに認識せられるようになり，五次方程式以上の高次の方程式は四則とベキ根だけでは一般には解けないことが示された．これらはすべて根が存在することを仮定しての形式的な解法についての議論であった．代数方程式が実際に根をもつことは前節に述べた通りである．

前世紀の末から今世紀にかけて数学の論理についての反省がなされるようになり，公理論的な立場から数学を建設することが試みられるようになった．

前に n 文字の置換について積，単位置換など通常の数についての演算の法則の一部分が数以外の領域においても成り立つことが見られた．次にこの性質を一般にした**群の公理**を挙げよう．

一つの集合 G があって，その任意の二元 a, b に対して**積**とよばれる**結合** ab が存在して次の性質を満足しているものとする．このような基本的性質のことを**公理**とよび，G のことを**群**という．

1. 任意の二元に対して ab はただ一つ定まる．

2. 任意の三つの元 a, b, c に対して

$$a(bc) = (ab)c.$$

3. すべての元 a に対して $ae=a$ となるような元 e が存在する．

4. 任意の元 a に対して $ax=e$ となるような元 x が存在する．

第二の公理のような性質のことを**結合律**といい，e のことを G の**単位元**とよび，また最後の公理を満足するような元 a のこと a の**逆元**とよんで a^{-1} と

表わす．

 公理論的な方法という立場は，公理に述べられた事実を単に重要な基本的事項と考える方法ではなく，公理に述べられた事柄の他にはどのような直観をも用いることも認められず，公理の中に述べられた概念と演算だけの結論によって理論を組み立てる方法のことをいう．このようにして得られる理論のことを**群論**とよぶ．置換，数などの具体的な元から成り立つとは限らない群のことを**抽象群**とよぶ．直観的な対象でない対象をもつ数学の部門が存在し得ることが以上に述べられたことから分る．

 数の体系 R がもっている他の性質は，積の他に**和**の演算が可能なことで，これらの間には次の法則が成り立つ．すなわち，R の任意の二元 a, b に対して $ab, a+b$ がそれぞれただ一つ定まり

1. $a+(b+c)=(a+b)+c$.
2. $a+b=b+a$.
3. $a+0=a$ のような 0 が存在する．
4. 任意の a に対して $a+x=0$ のような元 x が存在する．
5. $a(bc)=(ab)c$.
6. $a(b+c)=ab+ac,\ (b+c)a=ba+ca$.

 数の全体の他にもたとえば n 元の整式の全体，整数などはこれらの公理を満足するような体系で，一般にこのような体系のことを**環**と呼ぶ．第4番の公理の x を $-a$ と表わし
$$a+(-b)$$
のことを $a-b$ と表わし，a, b から $a-b$ を求める演算のことを**減法**と呼ぶ．このようにして公理から減法が定義され，よく知られた関係式
$$a(b-c)=ab-ac$$
などはすべて上に挙げた公理から導くことができる．

 このような公理的な方法によって数学の論理を整理することができ，また従来取り扱われた対象以外の体系を対象とすることができるようになったばかりでなく新らしい観点から本質的な発展がなされるようになった．

問題の答

第1章

§1. 問1. $n!(n-1)!$. 問2. 36通り（ならべ方省略）.

§2. 問1. $\frac{1}{2}n(n-3)$.

§3. 問1. $n=2m$（偶数）のとき $\binom{n}{m}$, $n=2m+1$（奇数）のとき $\binom{n}{m}=\binom{n}{m+1}$ が最大.

§5. 問2. (1) $\frac{10!}{5!5!}2^5+\frac{10!}{4!2!4!}2^4\cdot 3^2+\frac{10!}{3!4!3!}2^3\cdot 3^4+\frac{10!}{2!6!2!}2^2\cdot 6^6+\frac{10!}{8!}2\cdot 3^8+3^{10}$,

(2) $2^{10}+\frac{15!}{2!12!}2^{12}+\frac{15!}{4!9!2!}2^9+\frac{15!}{6!9!3!}2^6+\frac{15!}{8!3!4i}2^3+\frac{15!}{10!5!}$.

問題1. 1. 322560. 2. 720. 3. 576. 4. 109. 5. 112. 6. $\frac{(p+q-2)!}{(p-1)!(q-1)!}$.

7. どちらも $\binom{2n-1}{n-1}$. 8. 26. 9. 52. 10. $\frac{n(n+1)\cdots(n+r-1)}{r!}$.

11. $\frac{1}{2}(n^2+n+2)$. 18. $\binom{50}{11}x^{11}$ $(x=0.3)$. 19. 530.

第2章

§6. 問1. 34^2+2^2.

§7. 問1. $z_1=\alpha z_2$ (α は実数). 問2. $\frac{1}{\sqrt{2}}\left\{\cos\left(-\frac{\pi}{4}\right)+i\sin\left(-\frac{\pi}{4}\right)\right\}$.

問3. (1) $-\frac{1+i}{2}$, (2) $2^4(-\sqrt{3}+i)$.

§8. 問1. $\frac{\sqrt{3}+i}{2}$, $\frac{-\sqrt{3}+i}{2}$, $-i$. 問2. $2^{1/n}\left\{\cos\left(-\frac{\pi}{3n}+\frac{2k\pi}{n}\right)+i\sin\left(-\frac{\pi}{3n}+\frac{2k\pi}{n}\right)\right\}$ $(k=0,1,2,\cdots,n-1)$.

問題2. 1. $\frac{21+103i}{25}$. 2. $\cos(50\theta)-i\sin(50\theta)$.

4. (1) [図] (2) [図]

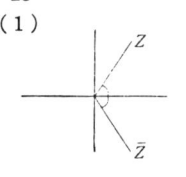

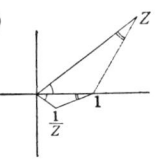

(3) [図] $\left(t=\frac{2+Z}{1-Z}\right)$

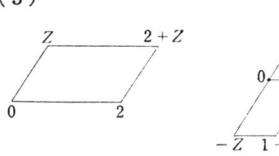

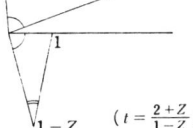

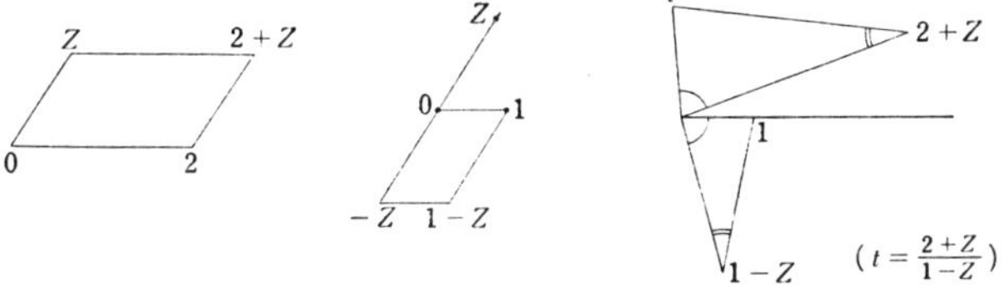

5. (1) $\frac{1}{3}(z_1+z_2+z_3)$.

第 3 章

§ 9. 問 1. $(x+1)(x+2)$.　　問 2. $(x+1)(x+2)=f(x)-\frac{1}{20}(x+7)g(x)$.

§ 10. 問 2. 商 $x^4-x^3+4x-17$, 剰余 50.

§ 11. 問 1. (1) $-\frac{7}{100}\frac{1}{x+3}-\frac{1}{5}\frac{1}{(x+3)^2}-\frac{1}{2}\frac{1}{(x+3)^3}+\frac{-1+7x}{100(x^2+1)}$.

(2) $-\frac{14}{27(x-1)}+\frac{5}{9(x-1)^2}+\frac{-1+14x}{x^2+2}+\frac{-11+4x}{9(2x^2+)^2}$.　　問 2. (1) $1+\frac{A}{x-c}$

$+\frac{B}{x-d}\left(A=\frac{(c-a)(c-b)}{c-d},\ B=\frac{(d-a)(d-b)}{d-c}\right)$, (2) $\frac{1}{4}\frac{1}{x-1}+\frac{1}{4}\frac{1}{x+1}+\frac{1}{2}\frac{1}{x^2+1}$.

問題 3. 1. $x-2$.　2. $a=-\frac{9}{22},\ b=\frac{43}{22},\ c=-\frac{35}{22}$,　5. $p=-3,\ q=4$.

6. $-5x-12$.　7. (1) 商 x^2-x+4 余 1,　(2) 商 $x^3+6x^2+7x+14$, 余 30.

8. $\frac{A}{x^2+a^2}+\frac{B}{x^2+b^2}+\frac{C}{x^2+c^2}\left(A=\frac{1}{(b^2-a^2)(c^2-a^2)},\ B=\frac{1}{(a^2-b^2)(c^2-b^2)},\right.$

$\left.C=\frac{1}{(a^2-c^2)(b^2-c^2)}\right)$.　9. $\frac{A}{x-1}+\frac{B}{x-2}+\frac{C+Dx}{x^2+2x+3}$ $\left(A=-\frac{1}{6},\ B=\frac{1}{11},\right.$

$\left.C=\frac{5}{66},\ D=\frac{3}{22}\right)$.　10. $\frac{A}{x+1}+\frac{B}{x-3}+\frac{C}{(x-3)^2}+\frac{D+Ex}{x^2-x+3}$ $\left(A=\frac{1}{80},\ B=-\frac{29}{36^2},\right.$

$\left.C=\frac{1}{36},\ D=\frac{17}{3^4\cdot5},\ E=\frac{4}{3^4\cdot5}\right)$.　12. 1.

第 4 章

§ 13. 問 2. $6xyz$.

§ 14. 問 1. $s_1^4-4s_1^2s_2+4s_1s_3+2s_2^2-4s_4$.　問 2. $x_1^2x_2x_3+x_1^2x_2x_4+x_1^2x_3x_4+x_2^2x_1x_3$
$+x_2^2x_1x_4+x_2^2x_3x_4+x_3^2x_1x_2+x_3^2x_1x_4+x_3^2x_2x_4+x_4^2x_1x_2+x_4^2x_1x_3+x_4^2x_2x_3$. 基本対称式
で表わして $s_1s_3-4s_4$.

§ 15. 問 1. (1) $s_1^6, s_1^4s_2, s_1^3s_3, s_1^2s_2^2, s_1s_2s_3, s_2^3, s_3^2$,　(2) $s_1^6, s_1^3s_3, s_3^2$, (3)
$D=-4s_1^3s_3-27s_3^2=-4a^3b-27b^2$.　問 2. (1) $\frac{2pr-q^2}{r}$, (2) $p^2q-pr-2q^2$.

§ 16. 問 1. $(x-y)(y-z)(z-x)(x^2+y^2+z^2+xy+yz+zx)$.　問 2. $(x-y)(x-z)$
$(y-z)(x+y)(y+z)(z+x)$.

問題 4. 2. (1) $\frac{s_{n-1}}{s_n}$, (2) $s_3^2+s_2^2-2s_1s_3+s_1^2-2s_1+1$, (3) $s_1^5-5s_1^3s_2$
$+5s_1^2s_3+5s_1s_2^2-5s_1s_4-5s_2s_3+5s_5$,　(4) $-2s_1^2s_3+s_1s_2^2+5s_1s_4-s_2s_3-5s_5$.

3. $12xyz(x+y+z)$.　4. $5(x+y)(y+z)(z+x)(x+y+z)^2=5s_1^2(s_1s_2-s_3)$.　5. -3.

問 題 の 答

8. $\frac{1}{6}s_1^3-\frac{1}{2}s_1s_2+\frac{1}{3}s_3$. **9.** 求める方程式を $x^4+a'x^3+b'x^2+\cdots=0$ とすれば,$a'=-a^2+2b+a$, $b'=-2ac+b^2+6d-ab+3c+b$. **11.** $-5(x-y)(x-z)(y-z)\times(x^2+y^2+z^2-yz-zx-xy)$.

第 5 章

§17. 問 1. -1, $\pm i$. 問 2. 1, $1\pm 2i$.

§18. 問 2. $1\pm 4i$, $\pm\sqrt{3}$.

問題 5. 1.（1）$y^3-\frac{40}{3}y-\frac{1064}{27}=0$,（2）$y^3-19y-2=0$,（3）$y^3-\frac{49}{3}y-\frac{1069}{27}=0$.
2.（1）$y^4-\frac{9}{2}y^2-14y-\frac{1215}{16}=0$,（2）$y^4-\frac{83}{8}y^2-\frac{175}{8}y-\frac{1507}{256}=0$,（3）$y^4-31y^2+102y-99=0$. 3.（1）$A+B$, $\omega A+\omega^2 B$, $\omega^2 A+\omega B$. ここに ω は 1 の虚な立方根,$A=\sqrt[3]{2+i\sqrt{17/27}}$, $B=\sqrt[3]{2-i\sqrt{17/72}}$,（2）4, $-2\pm 3\sqrt{3}$,（3）3, $2\pm 5\sqrt{3}$.
6.（1）$1\pm 3\sqrt{2}$, $3\pm 2i$,（2）1, 2, $2\pm\sqrt{3}i$,（3）-1, 3, $1\pm\sqrt{3}$.

第 6 章

§19. 問 1.（1）1, -1,（2）$\frac{2}{5}$, $\frac{4}{5}$. 問 2.（1）$\frac{-1\pm\sqrt{-3}}{2}$, $\frac{1}{2}\left(-1+2\varepsilon\sqrt{2}\pm\sqrt{5-4\varepsilon\sqrt{2}}\right)$,（2）$-1$, $\frac{1}{2}\left(3+\varepsilon\sqrt{6}\pm\sqrt{11+6\varepsilon\sqrt{6}}\right)$, $(\varepsilon=\pm 1)$,（3）1, -1, $\frac{1}{4}\left(-3+\sqrt{21}\pm\sqrt{14-6\sqrt{21}}\right)$, $\frac{1}{4}\left(-3-\sqrt{21}\pm\sqrt{14+6\sqrt{21}}\right)$,（4）1, $\frac{1}{4}\left(3+\sqrt{17}\pm\sqrt{10+6\sqrt{17}}\right)$, $\frac{1}{4}\left(3-\sqrt{17}\pm\sqrt{10-6\sqrt{17}}\right)$.

§20. 問 1. $z^3+6z^2+17z+44=0$. 問 2. $z^4-8z^3-3z^2+103z-632=0$.

§21. 問 1. -3 3重根. 問 2. $x-2=t$ とおけば $t^4+2t^3+5t^2+8t+8$.

§23. 問. 定理 23.8 による限界のみを示せば（1）$(-5, 4)$,（2）$(-3, 1)$,（3）$(0, 1)$.

§24. 問 1.（1）3個,（2）2個. 問 1.（1）正根の数は 1 個または 3 個,負根は 0 個または 2 個.2 より大きい根は 0 個または 2 個,（2）正根は 0, 2, 4 個のいずれか.負根は 1 個.2 より大きい根は存在しない.

§25. 問 1. 1.512. 問 2. 1.2599.

問題 6. 1.（1）$\frac{5}{3}$,（2）$\frac{7}{4}$. 2.（1）1, $\pm i$, $\frac{1}{2}(-5\pm\sqrt{21})$,（2）$\pm 1$, $\frac{1}{2}\{(-1+i)\pm\sqrt{-4-2i}\}$, $\frac{1}{2}\{(-1-i)\pm\sqrt{-4+2i}\}$,（3）$-1$, $\frac{1}{4}\{(-3+\sqrt{41}\pm\sqrt{34-6\sqrt{41}}\}$, $\frac{1}{4}\{-3-\sqrt{41}\pm\sqrt{34+6\sqrt{41}}\}$,（4）$-1$, $\pm i$ いずれも 2 重根.
3. $z^4-19z^3+151z^2-374z-1291=0$. 4. (a, b) の可能な値は $(5, 7)$, $(1, -5)$, $(-5, -1)$. 5.（1）-2（3重根）,（2）1, 2（各2重根）. 6. $2\pm 3i$,

$\frac{1}{2}(-1\pm\sqrt{11}i)$. **7.** $2\pm 3\sqrt{2}$, $\frac{1}{2}(-1\pm\sqrt{7}i)$. **10.** $1\pm\sqrt{2}$, $1\pm 3\sqrt{2}$. **11.** $(-3, 4)$.
12. $(-3, -2)$, $(-2, -1)$, $(3, 4)$ にそれぞれ1個. **14.** 0.540. **15.** 1.8171.

第 7 章

§26. 問 **2.** (13)(15)(24), (12)(14)(16)(13)(15). 問 **3.** （1） $\begin{pmatrix} 1 & 2 & 3 & 4 & 5 \\ 3 & 5 & 1 & 2 & 4 \end{pmatrix}$, （2） 134567).

§27. 問 **1.** （1） $-$, （2） $+$. 問 **2.** （1）100, （2） $abc+2def-ad^2-cf^2-be^2$.

§28. 問 **1.** （1） -508, （2） -1031.

§29. 問 **1.** 196. 問 **2.** $a_{45} \begin{vmatrix} a_{12} & a_{14} \\ a_{22} & a_{24} \end{vmatrix} \begin{vmatrix} a_{31} & a_{33} \\ a_{51} & a_{53} \end{vmatrix}$.

§30. 問 **2.** シュワルツの不等式にならって平方の和に表わせ.

§31. 問 **1.** $x=-\frac{11}{16}$, $y=\frac{75}{16}$, $z=\frac{73}{16}$.

問題 **7.** **1.** （1） $\begin{pmatrix} 1 & 2 & 3 & 4 \\ 4 & 3 & 2 & 1 \end{pmatrix}$, （2） (13)(24). **2.** （1） (15)(24)(23),
（2） (12)(13)(14)(56)(57). **3.** （1） 1462, （2） -65. **4.** （1） $8abcd$,
（2） $2(bc+ca+ab)^3$. **6.** （1） $(a+b+c)(a-b-c)(b-c-a)(c-a-b)$,
（2） $-(a-b)(b-c)(c-a)(a+b+c)(a^2+b^2+c^2)$.

7. （1） $A=\begin{vmatrix} -a & c & b \\ c & -b & a \\ b & a & -c \end{vmatrix}$, （2） $A=\begin{vmatrix} x & y & z \\ y & z & x \\ z & x & y \end{vmatrix}$, **9.** $\begin{vmatrix} A_1 & B_1 & C_1 \\ A_2 & B_2 & C_2 \\ A_3 & B_3 & C_3 \end{vmatrix}=0$.

10. -638. **11.** $x=-\frac{19}{6}$, $y=-\frac{7}{6}$, $z=\frac{29}{6}$.

第 8 章

§33. 問 **1.** 3.

§34. 問 **2.** 2.

§35. 問 **1.** $\begin{bmatrix} 1 & 0 & 0 & 0 \\ 0 & 1 & 0 & 0 \\ 0 & 0 & 0 & 0 \end{bmatrix}$. 問 **2.** z を任意として $x=\frac{1}{8}(-13+5z)$, $y=\frac{1}{4}(11-7z)$.

問題 **8.** **3.** 4次元すなわち空間全体. **4.** 3次元. 一組の底は $(3, -1, 3, -1, 1)$, $(3, -2, 0, 1, 0)$, $(2, 0, 1, 0, 0)$.

5. （1） $\begin{bmatrix} 1 & 0 & 0 & 0 \\ 0 & 1 & 0 & 0 \\ 0 & 0 & 1 & 0 \\ 0 & 0 & 0 & 0 \end{bmatrix}$, （2） $\begin{bmatrix} 1 & 0 & 0 & 0 \\ 0 & 1 & 0 & 0 \\ 0 & 0 & 0 & 0 \end{bmatrix}$. **6.** 2. **7.** 与えられた行列を A として

(1) $\begin{bmatrix} 1 & 0 & 0 & 0 \\ 0 & 1 & 0 & 0 \\ -3 & 0 & 1 & 0 \\ -3 & 0 & 0 & 1 \end{bmatrix} A \begin{bmatrix} 0 & 0 & 0 & 1 \\ 0 & 0 & 1 & 0 \\ 0 & 1 & 0 & 0 \\ 1 & 0 & 0 & 0 \end{bmatrix} = \begin{bmatrix} 2 & & & \\ & 4 & & \\ & & 3 & \\ & & & 2 \end{bmatrix}$,

(2) $\begin{bmatrix} 0 & 0 & 0 & -1 \\ 0 & 0 & 1 & 0 \\ 0 & 1 & 0 & -2 \\ 1 & 0 & -2 & 1 \end{bmatrix} A \begin{bmatrix} 1 & 0 & 0 & 0 \\ 0 & 1 & 0 & -1 \\ 0 & 0 & 1 & 0 \\ 0 & 0 & 0 & 1 \end{bmatrix} = \begin{bmatrix} 1 & & & \\ & 1 & & \\ & & 3 & \\ & & & -2 \end{bmatrix}$.

8. $x = \dfrac{-4}{13}$, $y = \dfrac{23}{13}$, $z = -\dfrac{1}{13}$. 9. z を任意として $x = \dfrac{z-1}{5}$, $y = \dfrac{13z-8}{10}$.

第 9 章

§37. 問 1. (1) $\begin{bmatrix} a+c & 0 & a \\ 0 & b & 0 \\ a & 0 & c \end{bmatrix}$ (a, b, c: 任意), (2) $\begin{bmatrix} a & b & c \\ b & a & c \\ d & d & e \end{bmatrix}$ (a, b, c, d, e 任意).

問 2. (1) $-\dfrac{1}{40}\begin{bmatrix} 14 & -16 & 26 \\ -11 & 4 & -9 \\ -12 & 8 & -28 \end{bmatrix}$, (2) $\dfrac{1}{21}\begin{bmatrix} 6 & -11 & 1 \\ 3 & 12 & -3 \\ 0 & -14 & 7 \end{bmatrix}$.

§39. 問 1. $v_1 = \left(\dfrac{1}{\sqrt{2}}, \dfrac{1}{\sqrt{2}}, 0\right)$, $v_2 = \left(\dfrac{1}{\sqrt{2}}, -\dfrac{1}{\sqrt{2}}, 0\right)$, $v_3 = (0, 0, 1)$.

§40. 問 1. $\lambda_1 X_1^2 + \lambda_2 X_2^2 + \lambda_3 X_3^2 \left(\lambda_1 = -2, \lambda_2 = \dfrac{1}{2}(15+\sqrt{5}), \lambda_3 = \dfrac{1}{2}(15-\sqrt{5})\right)$.

問 2. $\theta = \dfrac{\pi}{8}$ だけ回転. 標準型 $AX^2 + BY^2 = 3$ ($A = 3+2\sqrt{2}$, $B = 3-2\sqrt{2}$).

問題 9. 6. $A^{-1} = \dfrac{1}{315}\begin{bmatrix} 19 & 48 & 40 & -33 \\ 34 & 3 & 55 & 57 \\ 59 & 33 & 5 & -3 \\ -33 & 99 & 30 & -9 \end{bmatrix}$. 7. $A = B + C$ $\left(B = \dfrac{1}{2}(A+A^T),\right.$

$\left. C = \dfrac{1}{2}(A-A^T)\right)$. 9. $v_1 = \dfrac{1}{\sqrt{3}}(1, 1, 1)$, $v_2 = \dfrac{1}{\sqrt{6}}(1, 1, -2)$, $v_3 = \dfrac{1}{\sqrt{2}}(1, -1, 0)$.

10. $4, \dfrac{1}{2}(-1 \pm \sqrt{-11})$. 11. $a = 6$, 標準型は $\lambda_1 X_1^2 + \lambda_2 X_2^2 + \lambda_3 X_3^2 \left(\lambda_1 = 3, \lambda_2 = \right.$

$\left. \dfrac{1}{2}(-35 + \sqrt{1129}), \lambda_3 = \dfrac{1}{2}(-35 - \sqrt{1129})\right)$. 12. $\theta = \dfrac{\pi}{6}$ だけ回転して $AX^2 + BY^2 = 3$

($A = 2 + \sqrt{3}$, $B = 2 - \sqrt{3}$).

第 10 章

§41. 問 1. (1) 2個, (2) 1個. 問 2. $b^2 - ac > 0$.

§42. (1) $1.959, -3.959 \pm 2.972i$, (2) $3.334, 0.833 \pm 1.937i$. ((注)(2)の近似度は良好でない.)

人名索引

オイレル (L. Euler スイス, 1707〜1783) 63

カルダノ (G. Cardano 伊, 1501〜1576) 68
クラーメル (G. Cramer スイス, 1704〜1752) 141
クロネッカー (L. Kronecker 独, 1823〜1891) 182
グレッフェ (Graeffee 独) 202

シュワルツ (H. A. Schwarz 独, 1843〜1921) 140
スツルム (Ch. Sturm 独, 1669〜1719) 199

テイラー (B. Taylor 英, 1685〜1731) 86
ド・モアブル (de Moivre 英, 1667〜1754) 21

ニュートン (I. Newton 英, 1642〜1727) 205

フェラリ (L. Ferrari 伊, 1522〜1562) 71
ホーナー (W. G. Horner 英, 1786〜1837) 107

ユークリッド (Euclid ギリシァ, 300 B.C. 頃) 30

ラプラス (P. S. Laplace 仏, 1749〜1827) 132

事項索引

一次結合 156
一次従属 156
一次独立 157
ヴァンデルモンドの行列式 127
n 個のものの r 順列 1
オイレルの公式 63

階乗 2
階数 163
カルダノの公式 68

奇置換 117
帰納法 8
基本操作 165
基本対称式 53
基本ベクトル 157
逆数方程式 76
逆置換 114
共役な小行列式 132
共役複素数 18
行列 118

索引

行列環 178
行列式 112
極表示 19
偶置換 117
組合せ 2
組立除法 35
クラーメルの公式 141
クロネッカーのデルタ 182
グレッフェの方法 202
群 211
交代行列 185
交代式 60
恒等式 45
恒等置換 114
公理的方法 211
互換 112
固有値 182
根の限界 93

差積 59
三次方程式 64
次元 160
重根 57, 82
重複度 57
シュワルツの不等式 140
巡回置換 115
順列 1
小行列 128
剰余定理 33
真分数 36
数学的帰納法 8
スツルムの函数列 199
スツルムの定理 199
正規直交系 189
整式 28
生成(空間の——) 160
正則行列 181

積(行列式の——) 135
線型部分空間 159
相反方程式 76

対称行列 184
対称式 52
代数方程式 74
互いに素 31
多元整式 50
多元有理式 50
多項式 28
多項定理 10
単位行列 136
単位置換 114
置換 112
長方行列 138
直交行列 186
直交系 189
底 160
テイラー展開 86
デカルトの符号の法則 102
展開(行列式の——) 130
転置行列 184
導函数 83
　第二次—— 84
同伴 30
ド・モアブルの定理 21

二項係数 5
二項定理 4
二項方程式 24
二次形式 191
ニュートンの多角形 205

張る(空間を——) 160
判別式 59
フェラリの公式 71

複素数　16
　　——の幾何的表示　19
　　——の極表示　19
　　——平面　19
部分分数　40
分数式　36
ベクトル　20, 149
ベクトル空間　149
偏角　19
変換(方程式の——)　80

方程式論の基本定理　209
ホーナーの方法　107

有理式　36
ユークリッドの互除法　30
余因子　130
四次方程式　70

ラプラスの展開　132
連立一次方程式　140

著者略歴

淡 中 忠 郎

1908 年　松山市に生れる
1932 年　東北大学理数学科卒業
1945 年　東北大学教授
　　　　 理学博士

朝倉数学講座 1

代 数 学　　　　　　　　　　　定価はカバーに表示

1960 年 9 月 20 日　初版第 1 刷
2004 年 3 月 30 日　復刊第 1 刷

著　者　淡中忠郎
発行者　朝倉邦造
発行所　株式会社 朝倉書店
　　　　東京都新宿区新小川町 6-29
　　　　郵便番号　162-8707
　　　　電話　03(3260)0141
　　　　FAX　03(3260)0180
　　　　http://www.asakura.co.jp

〈検印省略〉

©1960〈無断複写・転載を禁ず〉　　新日本印刷・渡辺製本
ISBN 4-254-11671-3　C 3341　　　　Printed in Japan

◆ はじめからの数学 ◆

数学をはじめから学び直したいすべての人へ

前東工大 志賀浩二著
はじめからの数学 1
数 に つ い て
11531-8 C3341　　B5判 152頁　本体3500円

数学をもう一度初めから学ぶとき"数"の理解が一番重要である。本書は自然数，整数，分数，小数さらには実数までを述べ，楽しく読み進むうちに十分深い理解が得られるように配慮した数学再生の一歩となる話題の書。【各巻本文二色刷】

前東工大 志賀浩二著
はじめからの数学 2
式 に つ い て
11532-6 C3341　　B5判 200頁　本体3500円

点を示す等式から，範囲を示す不等式へ，そして関数の世界へ導く「式」の世界を展開。〔内容〕文字と式／二項定理／数学的帰納法／恒等式と方程式／2次方程式／多項式と方程式／連立方程式／不等式／数列と級数／式の世界から関数の世界へ

前東工大 志賀浩二著
はじめからの数学 3
関 数 に つ い て
11533-4 C3341　　B5判 192頁　本体3600円

'動き'を表すためには，関数が必要となった。関数の導入から，さまざまな関数の意味とつながりを解説。〔内容〕式と関数／グラフと関数／実数，変数，関数／連続関数／指数関数，対数関数／微分の考え／微分の計算／積分の考え／積分と微分

◆ シリーズ〈数学の世界〉◆

野口廣監修／数学の面白さと魅力をやさしく解説

理科大 戸川美郎著
シリーズ〈数学の世界〉1
ゼロからわかる数学
―数論とその応用―
11561-X C3341　　A5判 144頁　本体2500円

0, 1, 2, 3, …と四則演算だけを予備知識として数学における感性を会得させる数学入門書。集合・写像などは丁寧に説明して使える道具としてしまう。最終目的地はインターネット向きの暗号方式として最もエレガントなRSA公開鍵暗号

中大 山本 慎著
シリーズ〈数学の世界〉2
情 報 の 数 理
11562-8 C3341　　A5判 168頁　本体2800円

コンピュータ内部での数の扱い方から始めて，最大公約数や素数の見つけ方，方程式の解き方，さらに名前のデータの並べ替えや文字列の探索まで，コンピュータで問題を解く手順「アルゴリズム」を中心に情報処理の仕組みを解き明かす

早大 沢田 賢・早大 渡邊展也・学芸大 安原 晃著
シリーズ〈数学の世界〉3
社 会 科 学 の 数 学
―線形代数と微積分―
11563-6 C3341　　A5判 152頁　本体2500円

社会科学系の学部では数学を履修する時間が不十分であり，学生も高校であまり数学を学習していない。このことを十分考慮して，数学における文字の使い方などから始めて，線形代数と微積分の基礎概念が納得できるように工夫をこらした

早大 沢田 賢・早大 渡邊展也・学芸大 安原 晃著
シリーズ〈数学の世界〉4
社 会 科 学 の 数 学 演 習
―線形代数と微積分―
11564-4 C3341　　A5判 168頁　本体2500円

社会科学系の学生を対象に，線形代数と微積分の基礎が確実に身に付くように工夫された演習書。各章の冒頭で要点を解説し，定義，定理，例，例題と解答により理解を深め，その上で演習問題を与えて実力を養う。問題の解答を巻末に付す

専大 青木憲二著
シリーズ〈数学の世界〉5
経 済 と 金 融 の 数 理
―やさしい微分方程式入門―
11565-2 C3341　　A5判 160頁　本体2700円

微分方程式は経済や金融の分野でも広く使われるようになった。本書では微分積分の知識をいっさい前提とせずに，日常的な感覚から自然に微分方程式が理解できるように工夫されている。新しい概念や記号はていねいに繰り返し説明する

早大 鈴木晋一著
シリーズ〈数学の世界〉6
幾 何 の 世 界
11566-0 C3341　　A 5 判 152頁 本体2500円

ユークリッドの平面幾何を中心にして，図形を数学的に扱う楽しさを読者に伝える。多数の図と例題，練習問題を添え，談話室で興味深い話題を提供する。〔内容〕幾何学の歴史／基礎的な事項／3角形／円周と円盤／比例と相似／多辺形と円周

数学オリンピック財団 野口 廣著
シリーズ〈数学の世界〉7
数学オリンピック教室
11567-9 C3341　　A 5 判 140頁 本体2500円

数学オリンピックに挑戦しようと思う読者は，第一歩として何をどう学んだらよいのか。挑戦者に必要な数学を丁寧に解説しながら，問題を解くアイデアと道筋を具体的に示す。〔内容〕集合と写像／代数／数論／組み合せ論とグラフ／幾何

◆ 応用数学基礎講座 ◆
岡部靖憲・米谷民明・和達三樹 編集

東大 加藤晃史著
応用数学基礎講座2
線 形 代 数
11572-5 C3341　　A 5 判 280頁 〔近 刊〕

抽象的になるのを避けるため幾何学的イメージを大切にしながら初歩から丁寧に解説。工夫をこらした多数の図と例を用いて理解を助け，演習問題もふんだんに用意して実力の養成をはかる。線形変換のスペクトル分解，二次形式までを扱う

東大 中村 周著
応用数学基礎講座4
フ ー リ エ 解 析
11574-1 C3341　　A 5 判 200頁 本体3500円

応用に重点を置いたフーリエ解析の入門書。特に微分方程式，数理物理，信号処理の話題を取り上げる。〔内容〕フーリエ級数展開／フーリエ級数の性質と応用／1変数のフーリエ変換／多変数のフーリエ変換／超関数／超関数のフーリエ変換

奈良女大 山口博史著
応用数学基礎講座5
複 素 関 数
11575-X C3341　　A 5 判 280頁 本体4500円

多数の図を用いて複素関数の世界を解説。複素多変数関数論の入門として上空移行の原理に触れ，静電磁気学を関数論的手法で見直す。〔内容〕ガウス平面／正則関数／コーシーの積分表示／岡潔の上空移行の原理／静電磁場のポテンシャル論

東大 岡部靖憲著
応用数学基礎講座6
確 率 ・ 統 計
11576-8 C3341　　A 5 判 288頁 本体4200円

確率論と統計学の基礎と応用を扱い，両者の交流を述べる。〔内容〕場合の数とモデル／確率測度と確率空間／確率過程／中心極限定理／時系列解析と統計学／テント写像のカオス性と揺動散逸定理／時系列解析と実験数学／金融工学と実験数学

東大 宮下精二著
応用数学基礎講座7
数 値 計 算
11577-6 C3341　　A 5 判 190頁 本体3400円

数値計算を用いて種々の問題を解くユーザーの立場から，いろいろな方法とそれらの注意点を解説する。〔内容〕計算機を使う／誤差／代数方程式／関数近似／高速フーリエ変換／関数推定／微分方程式／行列／量子力学における行列計算／乱数

東大 細野 忍著
応用数学基礎講座9
微 分 幾 何
11579-2 C3341　　A 5 判 228頁 本体3800円

微分幾何を数理科学の諸分野に応用し，あるいは応用する中から新しい数理の発見を志す初学者を対象に，例題と演習・解答を添えて理論構築の過程を丁寧に解説した。〔内容〕曲線・曲面の幾何学／曲面のリーマン幾何学／多様体上の微分積分

東大 杉原厚吉著
応用数学基礎講座10
ト ポ ロ ジ ー
11580-6 C3341　　A 5 判 224頁 本体3800円

直観的なイメージを大切にし，大規模集積回路の配線設計や有限要素法のためのメッシュ生成など応用例を多数取り上げた。〔内容〕図形と位相空間／ホモトピー／結び目とロープマジック／複体／ホモロジー／トポロジーの計算論／グラフ理論

前東工大 志賀浩二著 数学30講シリーズ1 **微　分・積　分　30　講** 11476-1　C3341　　A 5 判 208頁 本体3200円	〔内容〕数直線／関数とグラフ／有理関数と簡単な無理関数の微分／三角関数／指数関数／対数関数／合成関数の微分と逆関数の微分／不定積分／定積分／円の面積と球の体積／極限について／平均値の定理／テイラー展開／ウォリスの公式／他
前東工大 志賀浩二著 数学30講シリーズ2 **線　形　代　数　30　講** 11477-X　C3341　　A 5 判 216頁 本体3200円	〔内容〕ツル・カメ算と連立方程式／方程式，関数，写像／2次元の数ベクトル空間／線形写像と行列／ベクトル空間／基底と次元／正則行列と基底変換／正則行列と基本行列／行列式の性質／基底変換から固有値問題へ／固有値と固有ベクトル／他
前東工大 志賀浩二著 数学30講シリーズ3 **集　合　へ　の　30　講** 11478-8　C3341　　A 5 判 196頁 本体3200円	〔内容〕身近なところにある集合／集合に関する基本概念／可算集合／実数の集合／写像／濃度／連続体の濃度をもつ集合／順序集合／整列集合／順序数／比較可能定理，整列可能定理／選択公理のヴァリエーション／連続体仮説／カントル／他
前東工大 志賀浩二著 数学30講シリーズ4 **位　相　へ　の　30　講** 11479-6　C3341　　A 5 判 228頁 本体3200円	〔内容〕遠さ，近さと数直線／集積点／連続性／距離空間／点列の収束，開集合，閉集合／近傍と閉包／連続写像／同相写像／連結空間／ベールの性質／完備化／位相空間／コンパクト空間／分離公理／ウリゾーン定理／位相空間から距離空間／他
前東工大 志賀浩二著 数学30講シリーズ5 **解　析　入　門　30　講** 11480-X　C3341　　A 5 判 260頁 本体3200円	〔内容〕数直線の生い立ち／実数の連続性／関数の極限値／微分と導関数／テイラー展開／ベキ級数／不定積分から微分方程式へ／線形微分方程式／面積／定積分／指数関数再考／2変数関数の微分可能性／逆写像定理／2変数関数の積分／他
前東工大 志賀浩二著 数学30講シリーズ6 **複　素　数　30　講** 11481-8　C3341　　A 5 判 232頁 本体3200円	〔内容〕負数と虚数の誕生まで／向きを変えることと回転／複素数の定義／複素数と図形／リーマン球面／複素関数の微分／正則関数と等角性／ベキ級数と正則関数／複素積分と正則性／コーシーの積分定理／一致の定理／孤立特異点／留数／他
前東工大 志賀浩二著 数学30講シリーズ7 **ベクトル解析30講** 11482-6　C3341　　A 5 判 244頁 本体3200円	〔内容〕ベクトルとは／ベクトル空間／双対ベクトル空間／双線形関数／テンソル代数／外積代数の構造／計量をもつベクトル空間／基底の変換／グリーンの公式と微分形式／外微分の不変性／ガウスの定理／ストークスの定理／リーマン計量／他
前東工大 志賀浩二著 数学30講シリーズ8 **群　論　へ　の　30　講** 11483-4　C3341　　A 5 判 244頁 本体3200円	〔内容〕シンメトリーと群／群の定義／群に関する基本的な概念／対称群と交代群／正多面体群／部分群による類別／巡回群／整数と群／群と変換／軌道／正規部分群／アーベル群／自由群／有限的に表示される群／位相群／不変測度／群環／他
前東工大 志賀浩二著 数学30講シリーズ9 **ル　ベ　ー　グ　積　分　30　講** 11484-2　C3341　　A 5 判 256頁 本体3200円	〔内容〕広がっていく極限／数直線上の長さ／ふつうの面積概念／ルベーグ測度／可測集合／カラテオドリの構想／測度空間／リーマン積分／ルベーグ積分へ向けて／可測関数の積分／可積分関数の作る空間／ヴィタリの被覆定理／フビニ定理／他
前東工大 志賀浩二著 数学30講シリーズ10 **固　有　値　問　題　30　講** 11485-0　C3341　　A 5 判 260頁 本体3200円	〔内容〕平面上の線形写像／隠されているベクトルを求めて／線形写像と行列／固有空間／正規直交基底／エルミート作用素／積分方程式／フレードホルムの理論／ヒルベルト空間／閉部分空間／完全連続な作用素／スペクトル／非有界作用素／他

上記価格（税別）は 2004 年 2 月現在